한 권으로

초등
수학

서술형

끝

※ 검토해 주신 분들

최현지 선생님 (서울자곡초등학교)
서채은 선생님 (EBS 수학 강사)
이소연 선생님 (L MATH 학원 원장)

한 권으로 초등수학 서술형 끝 **3**

지은이 나소은 · 넥서스수학교육연구소
펴낸이 임상진
펴낸곳 (주)넥서스

초판 1쇄 발행 2020년 5월 04일
초판 3쇄 발행 2024년 6월 05일

출판신고 1992년 4월 3일 제311-2002-2호
10880 경기도 파주시 지목로 5
Tel (02)330-5500 Fax (02)330-5555
ISBN 979-11-6165-872-8 64410
 979-11-6165-869-8 (SET)

www.nexusbook.com
www.nexusEDU.kr/math

💡 생각대로 술술 풀리는

#교과연계 #창의수학 #사고력수학 #스토리텔링

초등
수학

한 권으로
서술형
끝

나소은·넥서스수학교육연구소 지음

3

초등수학
2-1 과정

넥서스에듀

〈한 권으로 서술형 끝〉으로
끊임없는 나의 고민도 끝!

문제를 제대로 읽고 답을 했다고 생각했는데, 쓰다 보니 자꾸만 엉뚱한 답을 하게 돼요.

문제에서 어떠한 정보를 주고 있는지, 최종적으로 무엇을 구해야 하는지
정확하게 파악하는 단계별 훈련이 필요해요.

독서량은 많지만 논리 정연하게 답을 정리하기가 힘들어요.

독서를 통해 어휘력과 문장 이해력을 키웠다면, 생각을 직접 글로 써보는
연습을 해야 해요.

서술형 답을 어떤 것부터 써야 할지 모르겠어요.

문제에서 구하라는 것을 찾기 위해 어떤 조건을 이용하면 될지 짝을
지으면서 "A이므로 B임을 알 수 있다."의 서술 방식을 이용하면 답안
작성의 기본을 익힐 수 있어요.

시험에서 부분 점수를 자꾸 깎이는데요, 어떻게 해야 할까요?

직접 쓴 답안에서 어떤 문장을 꼭 써야 할지, 정답지에서 제공하고 있는
'채점 기준표'를 이용해서 꼼꼼하게 만점 맞기 훈련을 할 수 있어요.
만점은 물론, 창의력 + 사고력 향상도 기대하세요!

왜 〈한 권으로 서술형 끝〉으로 공부해야 할까요?

서술형 문제는 종합적인 사고 능력을 키우는 데 큰 역할을 합니다. 또한 배운 내용을 총체적으로 검증할 수 있는 유형으로 논리적 사고, 창의력, 표현력 등을 키울 수 있어 많은 선생님들이 학교 시험에서 다양한 서술형 문제를 통해 아이들을 훈련하고 계십니다. 부모님이나 선생님들을 위한 강의를 하다 보면, 학교에서 제일 어려운 시험이 서술형 평가라고 합니다. 어디서부터 어떻게 가르쳐야 할지, 논리력, 사고력과 연결되는 서술형은 어떤 책으로 시작해야 하는지 추천해 달라고 하십니다.

서술형 문제는 창의력과 사고력을 근간으로 만들어진 문제여서 아이들이 스스로 생각해보고 직접 문제에 대한 답을 찾아나갈 수 있는 과정을 훈련하도록 해야 합니다. 서술형 학습 훈련은 먼저 문제를 잘 읽고, 무엇을 풀이 과정 및 답으로 써야 하는지 이해하는 것이 핵심입니다. 그렇다면, 문제도 읽기 전에 힘들어하는 아이들을 위해, 서술형 문제를 완벽하게 풀 수 있도록 훈련하는 학습 과정에는 어떤 것이 있을까요?

문제에서 주어진 정보를 이해하고 단계별로 문제 풀이 및 답을 찾아가는 과정이 필요합니다.
먼저 주어진 정보를 찾고, 그 정보를 이용하여 수학 규칙이나 연산을 활용하여 답을 구해야 합니다.
서술형은 글로 직접 문제 풀이를 써내려 가면서 수학 개념을 이해하고 있는지 잘 정리하는 것이 핵심이어서 주어진 정보를 제대로 찾아 이해하는 것이 가장 중요합니다.

서술형 문제도 단계별로 훈련할 수 있음을 명심하세요! 이러한 과정을 손쉽게 해결할 수 있도록 교과서 내용을 연계하여 집필하였습니다. 자, 그럼 "한 권으로 서술형 끝" 시리즈를 통해 아이들의 창의력 및 사고력 향상을 위해 시작해 볼까요?

EBS 초등수학 강사 **나소은**

나소은 선생님 소개

- ◉ (주)아이눈 에듀 대표
- ◉ EBS 초등수학 강사
- ◉ 좋은책신사고 쎈닷컴 강사
- ◉ 아이스크림 홈런 수학 강사
- ◉ 천재교육 밀크티 초등 강사

- ◉ 교원, 대교, 푸르넷, 에듀왕 수학 강사
- ◉ Qook TV 초등 강사
- ◉ 방과후교육연구소 수학과 책임
- ◉ 행복한 학교(재) 수학과 책임
- ◉ 여성능력개발원 수학지도사 책임 강사

구성 및 특징

초등수학 서술형의 끝을 향해
여행을 떠나볼까요?

STEP 1 대표 문제 맛보기

핵심유형 ①

☆ 몇백 알아보기

STEP 1 대표 문제 맛보기

저금통에 100원짜리 동전 5개가 있습니다. 저금통에 모두 얼마가 있는지 풀이 과정을 쓰고, 답을 구하세요. (8점)

1단계 알고 있는 것 (3점) 저금통에 있는 100원짜리 동전의 수: ☐ 개

2단계 구하려는 것 (3점) ☐ 에 모두 얼마가 있는지 구하려고 합니다.

3단계 문제 해결 방법 (2점) 100이 ☐ 개이면 (묶음, 몇백)임을 이용하여 해결합니다.

4단계 문제 풀이 과정 (3점) 100이 ☐ 개이면 ☐ 입니다. 그러므로 100원짜리 동전 5개는 ☐ 원입니다.

5단계 구하려는 답 (2점) 따라서 저금통에는 모두 ☐ 원이 있습니다.

12

처음이니까 서술형 답을
어떻게 쓰는지 5단계로
정리해서 알려줄게요!
교과서에 수록된 핵심
유형을 맛볼 수 있어요.

'Step1'과 유사한 문제를
따라 풀어보면서 다시
한 번 익힐 수 있어요!

STEP 2 따라 풀어보기

STEP 2 따라 풀어보기

다음 수 모형이 나타내는 수를 쓰려고 합니다. 풀이 과정을 쓰고, 답을 구하세요. (8점)

1단계 알고 있는 것 (3점) 백 모형의 수: ☐ 개

2단계 구하려는 것 (3점) ☐ 이 나타내는 수를 쓰려고 합니다.

3단계 문제 해결 방법 (2점) 백 모형이 몇 개이면 (묶음, 몇백)임을 이용하여 해결합니다.

4단계 문제 풀이 과정 (3점) 백 모형이 7개이므로 수 모형이 나타내는 수는 100이 7개인 수입니다. 100이 ☐ 개인 수는 ☐ 입니다.

5단계 구하려는 답 (2점)

몇백 알아보기

STEP 3 스스로 풀어보기

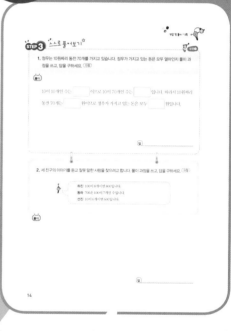

STEP 3 스스로 풀어보기

1. 정우는 10원짜리 동전 70개를 가지고 있습니다. 정우가 가지고 있는 돈은 모두 얼마인지 풀이 과정을 쓰고, 답을 구하세요. (5점)

풀이 10이 10개인 수는 ☐ 이므로 10이 70개인 수는 ☐ 입니다. 따라서 10원짜리 동전 70개는 ☐ 원이므로 정우가 가지고 있는 돈은 모두 ☐ 원입니다.

답

2. 세 친구의 이야기를 듣고 잘못 말한 사람을 찾으려고 합니다. 풀이 과정을 쓰고, 답을 구하세요. (5점)

하진 100이 8개이면 800입니다.
동하 700은 100이 7개인 수입니다.
선진 10이 6개이면 600입니다.

풀이

답

14

앞에서 학습한 핵심 유형을
생각하며 다시 연습해보고,
쌍둥이 문제로 따라 풀어보
세요! 서술형 문제를 술술
생각대로 풀 수 있답니다.

실력 다지기

창의 융합, 생활 수학, 스토리텔링,
유형 복합 문제 수록!

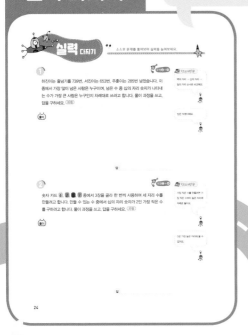

이제 실전이에요. 새 교육과정의
핵심인 '융합 인재 교육'에 알맞게
창의력, 사고력 문제들을 풀며 실
력을 탄탄하게 다져보세요!

QR코드를 찍으면
동영상 강의를
들을 수 있어요.

+ 추가 콘텐츠

www.nexusEDU.kr/math

단원을 마무리하기 전에 넥서스에듀
홈페이지 및 QR코드를 통해 제공하는
'스페셜 유형'과 다양한 '추가 문제'로
부족한 부분을 보충하고 배운 것을 추
가적으로 복습할 수 있어요.
또한, '무료 동영상 강의'를 통해 교과
와 연계된 개념 정리와 해설 강의를 들
을 수 있어요.

동영상 강의
추가 문제

나만의 문제 만들기

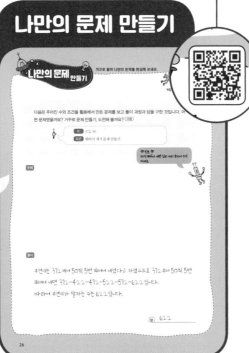

서술형 문제를 거꾸로 풀
어 보면 개념을 잘 이해
했는지 확인할 수 있어요!
'나만의 문제 만들기'를 풀
면서 최종 실력을 체크하
는 시간을 가져보세요!

정답 및 해설

자세한 답안과 단계별 부분 점수를
보고 채점해보세요! 어떤 부분이
부족한지 정확하게 파악하여 사고
력, 논리력을 키울 수 있어요!

차례

5 분류하기

6 곱셈

 정답 및 풀이 채점 기준표가 들어있어요!

1. 세 자리 수

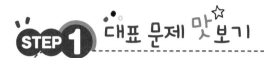 대표 문제 맛보기

> 저금통에 100원짜리 동전 5개가 있습니다. 저금통에 모두 얼마가 있는지 풀이 과정을 쓰고, 답을 구하세요. (8점)

1단계 알고 있는 것 (1점) 저금통에 있는 100원짜리 동전의 수 : ☐ 개

2단계 구하려는 것 (1점) ☐ 에 모두 얼마가 있는지 구하려고 합니다.

3단계 문제 해결 방법 (2점) 100이 몇 개이면 (몇십 , 몇백)임을 이용하여 해결합니다.

4단계 문제 풀이 과정 (3점) 100이 ☐ 개이면 ☐ 입니다. 그러므로 100원짜리 동전

5개는 ☐ 원입니다.

5단계 구하려는 답 (1점) 따라서 저금통에는 모두 ☐ 원이 있습니다.

STEP 2

다음 수 모형이 나타내는 수를 쓰려고 합니다. 풀이 과정을 쓰고, 답을 구하세요. 9점

1단계 알고 있는 것 1점   백 모형의 수 : ☐ 개

2단계 구하려는 것 1점   ☐ 이 나타내는 수를 쓰려고 합니다.

3단계 문제 해결 방법 2점   백 모형이 몇 개이면 (몇십 , 몇백)임을 이용하여 해결합니다.

4단계 문제 풀이 과정 3점   백 모형이 7개이므로 수 모형이 나타내는 수는 100이 7개인 수입니다.

100이 ☐ 개인 수는 ☐ 입니다.

5단계 구하려는 답 2점

123

이것만 알면
문제해결 OK!

📌 **몇백 알아보기**

☆ 100이 3개이면 300입니다.

☆ 300은 '삼백'이라고 읽습니다.

STEP 3 스스로 풀어보기

유형①

1. 정우는 10원짜리 동전 70개를 가지고 있습니다. 정우가 가지고 있는 돈은 모두 얼마인지 풀이 과정을 쓰고, 답을 구하세요. (10점)

풀이

10이 10개인 수는 [   ] 이므로 10이 70개인 수는 [   ] 입니다. 따라서 10원짜리 동전 70개는 [   ] 원이므로 정우가 가지고 있는 돈은 모두 [   ] 원입니다.

답 _____

2. 세 친구의 이야기를 듣고 잘못 말한 사람을 찾으려고 합니다. 풀이 과정을 쓰고, 답을 구하세요. (15점)

> **하진** 100이 8개이면 800입니다.
> **동하** 700은 100이 7개인 수입니다.
> **선진** 10이 6개이면 600입니다.

풀이

답 _____

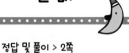

☆ 세 자리 수의 각 자리 숫자가 나타내는 값

정답 및 풀이 > 2쪽

STEP 1 대표 문제 맛보기

범균, 성령, 현희가 말하는 세 자리 수는 무엇인지 풀이 과정을 쓰고, 답을 구하세요. [8점]

> **범균** 일의 자리 숫자는 6입니다.
> **성령** 백의 자리 숫자는 일의 자리 숫자보다 2만큼 더 작습니다.
> **현희** 십의 자리 숫자가 나타내는 수는 0입니다.

1단계 알고 있는 것 [1점]

범균 : 일의 자리 숫자는 ☐ 입니다.

성령 : 백의 자리 숫자는 일의 자리 숫자보다 ☐ 만큼 더 작습니다.

현희 : 십의 자리 숫자가 나타내는 수는 ☐ 입니다.

2단계 구하려는 것 [1점]

범균, 성령, 현희가 말하는 (세 , 두) 자리 수는 무엇인지 구하려고 합니다.

3단계 문제 해결 방법 [2점]

조건에 따라 ☐ 의 자리, 백의 자리, ☐ 의 자리 숫자를 각각의 자리에 씁니다.

4단계 문제 풀이 과정 [3점]

일의 자리 숫자는 ☐ 이고, 백의 자리 숫자는 일의 자리 숫자보다 ☐ 만큼 더 작으므로 ☐ 입니다. 또 십의 자리 숫자가 나타내는 수가 0이므로 십의 자리에 ☐ 을 씁니다.

5단계 구하려는 답 [1점]

따라서 세 사람이 말하는 세 자리 수는 ☐ 입니다.

세 친구가 말하는 세 자리 수는 무엇인지 풀이 과정을 쓰고, 답을 구하세요. (9점)

> **리아** 십의 자리 숫자는 60을 나타냅니다.
>
> **혜린** 백의 자리 숫자는 십의 자리 숫자보다 3만큼 더 작습니다.
>
> **수빈** 일의 자리 숫자는 백의 자리 숫자보다 1만큼 더 큽니다.

1단계 알고 있는 것 (1점)

리아 : 십의 자리 숫자는 [　　] 을 나타냅니다.

혜린 : 백의 자리 숫자는 십의 자리 숫자보다 [　] 만큼 더 작습니다.

수빈 : 일의 자리 숫자는 백의 자리 숫자보다 [　] 만큼 더 큽니다.

2단계 구하려는 것 (1점)

리아, 혜린, 수빈이가 말하는 (세 , 두) 자리 수는 무엇인지 구하려고 합니다.

3단계 문제 해결 방법 (2점)

조건에 따라 [　] 의 자리, 백의 자리, [　] 의 자리 숫자를 각각의 자리에 씁니다.

4단계 문제 풀이 과정 (3점)

십의 자리 숫자가 [　] 을 나타내므로 십의 자리 숫자는 [　] 입니다. 백의 자리 숫자는 십의 자리 숫자 [　] 보다 3만큼 더 작으므로 [　] 입니다. 일의 자리 숫자는 백의 자리 숫자 [　] 보다 1만큼 더 크므로 [　] 입니다.

5단계 구하려는 답 (2점)

 유형②

STEP 3 스스로 풀어보기

1. 100이 4개, 10이 23개, 1이 4개인 수를 구하여 십의 자리 숫자가 무엇인지 알아보려고 합니다. 풀이 과정을 쓰고, 답을 구하세요. (10점)

 풀이

10이 23개이면 □□□□ 으로 100이 2개, 10이 3개인 수와 같습니다. 그러므로 이 수는

100이 □ 개, 10이 □ 개, 1이 □ 개인 수와 같으므로 □□□□ 입니다.

따라서 이 수의 십의 자리 숫자는 □ 입니다.

답 _____

2. 100이 3개, 10이 15개, 1이 24개인 수를 구하여 십의 자리 숫자를 알아보려고 합니다. 풀이 과정을 쓰고, 답을 구하세요. (15점)

풀이

답 _____

뛰어서 세기

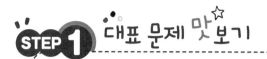

다음은 뛰어서 세기를 한 것입니다. ◉에 알맞은 수는 무엇인지 풀이 과정을 쓰고, 답을 구하세요. (8점)

$$337 - 437 - 537 - ◉ - 737$$

1단계 알고 있는 것 (1점) 뛰어서 세기 한 수 : ☐ − 437 − 537 − ◉ − ☐

2단계 구하려는 것 (1점) ☐ 세기를 하였을 때, ◉에 알맞은 수를 구하려고 합니다.

3단계 문제 해결 방법 (2점) 몇 씩 (커지는지 , 작아지는지) 알아보고 해결합니다.

4단계 문제 풀이 과정 (3점) ☐ 의 자리 숫자가 1씩 커지고 있으므로 ☐ 씩 뛰어서 센 것입니다. 100씩 뛰어서 세면 537 다음의 수는 백의 자리 숫자가 1만큼 더 큰 ☐ 입니다.

5단계 구하려는 답 (1점) 따라서 ◉는 ☐ 입니다.

STEP 2 따라 풀어보기 ☆

지민이의 이야기를 듣고 뛰어서 세기를 하려고 합니다. ▨에 알맞은 수는 무엇인지 풀이 과정을 쓰고, 답을 구하세요. (9점)

> **지민** 880에서 시작하여 10씩 뛰어서 세었어.

880 – ☐ – ☐ – ☐ – ▨ – ☐

1단계 알고 있는 것 (1점) ☐ 에서 시작해서 ☐ 씩 뛰어서 세기를 하였습니다.

2단계 구하려는 것 (1점) 지민이의 이야기를 듣고 ☐ 에 들어갈 알맞은 수를 구하려고 합니다.

3단계 문제 해결 방법 (2점) 10씩 뛰어서 세면 십의 자리 숫자가 ☐ 씩 커집니다.

4단계 문제 풀이 과정 (3점) ☐ 씩 뛰어서 세면 십의 자리 숫자가 1씩 커지므로

880부터 뛰어서 세기를 하면 880 – ☐ – ☐ – 910

– ☐ – ☐ 입니다.

5단계 구하려는 답 (2점)

123

이것만 알면 문제 해결 OK!

📌 **뛰어서 세기**

☆ 100씩 뛰어서 세기 ➡ 백의 자리 숫자가 1씩 커집니다. : 100 - 200 - 300 - 400 - 500

☆ 10씩 뛰어서 세기 ➡ 십의 자리 숫자가 1씩 커집니다. : 320 - 330 - 340 - 350 - 360 - 370 - 380

☆ 1씩 뛰어서 세기 ➡ 일의 자리 숫자가 1씩 커집니다. : 993 - 994 - 995 - 996 - 997 - 998 - 999

STEP 3 스스로 풀어보기 ☆

유형③

1. ◉에 알맞은 수는 무엇인지 풀이 과정을 쓰고, 답을 구하세요. (10점)

> 어떤 수에서 100씩 3번 뛰어서 센 수는 673입니다.
>
> 어떤 수에서 10씩 4번 뛰어서 센 수는 ◉입니다.

풀이

어떤 수에서 [　　　] 씩 3번 뛰어서 센 수가 673이므로 어떤 수는 673에서 100씩 3번

거꾸로 뛰어서 센 수입니다. 673－[　　　]－[　　　]－[　　　] 이므로 어떤 수는

[　　　] 입니다. ◉은 어떤 수에서 10씩 4번 뛰어서 센 수이므로 373－[　　　]－

[　　　]－[　　　]－[　　　] 입니다. 따라서 ◉은 [　　　] 입니다.

답 _____

2. 100이 4개인 수에서 60씩 6번 뛰어서 센 수는 무엇인지 쓰고 읽으려고 합니다. 풀이 과정을 쓰고, 답을 구하세요. (15점)

풀이

답　쓰기 :　　　　　　　　읽기 :

20

STEP 1 대표 문제 맛보기

4, 2, 6을 한 번씩만 사용하여 세 자리 수를 만들려고 합니다. 만들 수 있는 수 중 가장 큰 수는 무엇인지 풀이 과정을 쓰고, 답을 구하세요. (8점)

1단계 알고 있는 것 (1점) ☐ , ☐ , 6을 한 번씩만 사용하여 세 자리 수를 만듭니다.

2단계 구하려는 것 (1점) 만들 수 있는 수 중 가장 (큰 , 작은) 수는 무엇인지 구하려고 합니다.

3단계 문제 해결 방법 (2점) 4, 2, 6을 비교하여 가장 (큰 , 작은) 숫자부터 차례로 높은 자리에 놓습니다.

4단계 문제 풀이 과정 (3점) 세 수의 크기를 비교하면 ☐ < 4 < ☐ 이므로 ☐ 부터 차례로 높은 자리에 놓으면 ☐ 입니다.

5단계 구하려는 답 (1점) 따라서 가장 큰 수는 ☐ 입니다.

지난 주말에 동석이네 가족과 효진이네 가족은 굴 농장에 다녀왔습니다. 농장에서 동석이네 가족은 굴을 308개를 땄고 효진이네 가족은 303개를 땄습니다. 어느 가족이 굴을 더 많이 땄는지 풀이 과정을 쓰고, 답을 구하세요. (9점)

1단계 알고 있는 것 (1점)

동석이네 가족이 딴 굴의 수 : ☐ 개

효진이네 가족이 딴 굴의 수 : ☐ 개

2단계 구하려는 것 (1점)

어느 가족이 ☐ 을 더 많이 땄는지 구하려고 합니다.

3단계 문제 해결 방법 (2점)

☐ 과 303의 크기를 비교하여 더 (큰 , 작은) 수를 찾습니다.

4단계 문제 풀이 과정 (3점)

☐ 과 303에서 백의 자리 숫자는 ☐ 으로 같고, 십의 자리 숫자는 ☐ 으로 같으므로 ☐ 의 자리 숫자를 비교해야 합니다.

일의 자리 숫자를 비교하면 8 ☐ 3이므로 308 ☐ 303입니다.

5단계 구하려는 답 (2점)

123 이것만 알면 문제 해결 OK!

🐾 **세 자리 수 만들기**

☐ 3 ☐ 6 ☐ 1

☆ **가장 큰 세 자리 수 만들기** : 큰 숫자부터 차례로 높은 자리에 놓기
➜ 631

☆ **가장 작은 세 자리 수 만들기** : 작은 숫자부터 차례로 높은 자리에 놓기
➜ 136

(단, 가장 높은 자리에는 0을 놓을 수 없습니다.)

STEP 3 스스로 풀어보기 ☆

유형 ②

1. 세 자리 수를 비교하여 다음과 같이 나타내었습니다. 0부터 9까지의 숫자 중 □ 안에 들어갈 수 있는 숫자를 모두 구하려고 합니다. 풀이 과정을 쓰고, 답을 구하세요. (10점)

$$756 > 7 \boxed{} 8$$

풀이

백의 자리 숫자가 같고, 일의 자리 숫자를 비교하면 □ < □ 입니다. 그러므로 □ 안에는

□ 보다 더 (큰 , 작은) 숫자가 들어가야 합니다. 따라서 □ 안에 들어갈 수 있는 숫자는

□ , □ , □ , □ , □ 입니다.

답 _____

2. 세 자리 수를 비교하여 다음과 같이 나타내었습니다. 0부터 9까지 숫자 중 □ 안에 들어갈 수 있는 숫자를 모두 구하려고 합니다. 풀이 과정을 쓰고, 답을 구하세요. (15점)

$$586 < \boxed{} 37$$

풀이

답 _____

하진이는 줄넘기를 739번, 서진이는 653번, 주훈이는 285번 넘었습니다.
이 중에서 가장 많이 넘은 사람은 누구이며, 넘은 수 중 십의 자리 숫자가 나타
내는 수가 가장 큰 사람은 누구인지 차례대로 쓰려고 합니다. 풀이 과정을 쓰고,
답을 구하세요. (20점)

풀이

힌트로 해결 끝!

백의 자리 → 십의 자리 →
일의 자리 순서로 비교해요.

답은 두 명이에요.

답

숫자 카드 4, 2, 0, 7 중에서 3장을 골라 한 번씩 사용하여 세 자리 수를
만들려고 합니다. 만들 수 있는 수 중에서 십의 자리 숫자가 2인 가장 작은 수를
구하려고 합니다. 풀이 과정을 쓰고, 답을 구하세요. (20점)

풀이

힌트로 해결 끝!

가장 작은 수를 만들려면 가
장 작은 수부터 높은 자리에
차례로 놓아요.

0은 가장 높은 자리에 올 수
없어요.

답

3

어느 보안 업체에서는 각 가게의 현관 비밀번호를 세 자리 수로 만들어 주고, 그 비밀번호는 1개월마다 자동으로 바뀝니다. 어떤 가게의 5개월 전의 비밀번호는 147이었고, 비밀번호가 1개월마다 80씩 큰 수로 바뀐다면 이번 달 이 가게의 비밀번호는 무엇인지 풀이 과정을 쓰고, 답을 구하세요. (20점)

힌트로 해결 끝!

5개월 후의 비밀번호를 생각해요.

147부터 80씩 5번 뛰어서 센 수를 구해요.

 풀이

답

4

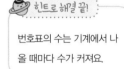

힌트로 해결 끝!

번호표의 수는 기계에서 나올 때마다 수가 커져요.

기범이는 폐기물 스티커를 얻기 위해 행정복지센터에 갔습니다. 기범이가 뽑은 대기표는 123번이었습니다. 잠시 후, 옆에 앉아 있는 사람의 대기표를 보니 119번이었습니다. 기범이와 옆에 앉은 사람 중 더 나중에 온 사람은 누구인지 풀이 과정을 쓰고, 답을 구하세요. (20점)

 풀이

답

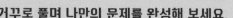

나만의 문제 만들기

거꾸로 풀며 나만의 문제를 완성해 보세요.

모를 때 찍어봐!

정답 및 풀이 > 5쪽

다음은 주어진 수와 조건을 활용해서 만든 문제를 보고 풀이 과정과 답을 구한 것입니다.
어떤 문제였을까요? 거꾸로 문제 만들기, 도전해 볼까요? 15점

| 수 | 372, 50 |
| 조건 | 뛰어서 세기 문제 만들기 |

★ 힌트 ★
50씩 뛰어서 세면 십의 자리 숫자가 5씩 커져요.

문제

풀이

주연이는 372에서 50씩 5번 뛰어서 세었다고 하였으므로 372부터 50씩 5번 뛰어서 세면 372-422-472-522-572-622입니다.

따라서 주연이가 말하는 수는 622입니다.

답 <u>622</u>

2. 여러 가지 도형

 원

STEP 1 대표 문제 맛보기

윤아와 친구들이 같은 도형에 대해 그 특징을 이야기하고 있습니다. 윤아와 친구들이 말하는 도형은 무엇인지 골라 기호를 쓰려고 합니다. 풀이 과정을 쓰고, 답을 구하세요. [8점]

윤아 크기는 다양하지만 생긴 모양은 같습니다.
준서 뾰족한 부분이 없고 곧은 선도 없습니다.
의성 어느 쪽에서 보아도 똑같이 동그란 모양입니다.

1단계 **알고 있는 것** [1점]

윤아 : [　] 는 다양하지만 생긴 모양은 같습니다.

준서 : [　] 부분이 없고 [　] 선도 없습니다.

의성 : 어느 쪽에서 보아도 똑같이 [　] 모양입니다.

2단계 **구하려는 것** [1점]

윤아와 친구들이 말하는 [　] 은 무엇인지 골라 [　] 를 쓰려고 합니다.

3단계 **문제 해결 방법** [2점]

같은 도형에 관한 [　] 을 이야기하고 있으므로 각각의 [　] 을 만족하는 도형을 찾고 그중 공통인 도형을 고릅니다.

4단계 **문제 풀이 과정** [3점]

크기는 다양하지만 생긴 모양이 같은 것은 [　], [　] 이고, 뾰족한 부분이 없고 곧은 선도 없는 것은 [　], [　], [　] 이고, 어느 쪽에서 보아도 똑같이 동그란 모양은 [　], [　] 입니다.

따라서 세 친구가 말하는 것은 (삼각형 , 사각형 , 원)입니다.

5단계 **구하려는 답** [1점]

따라서 윤아와 친구들이 말하는 도형은 [　], [　] 입니다.

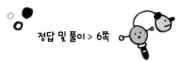

STEP 2 따라 풀어보기☆

원에 대한 설명으로 틀린 것을 찾아 기호를 쓰고, 바르게 고쳐 보세요. (9점)

ㄱ 동전을 이용해서 그릴 수 있습니다.   ㄴ 원은 모두 크기와 모양이 같습니다.

ㄷ 변이 없습니다.   ㄹ 꼭짓점이 없습니다.

ㅁ 어느 쪽에서 보아도 동그란 모양입니다.

1단계 **알고 있는 것** (1점)

ㄱ ☐ 을 이용해서 그릴 수 있습니다.

ㄴ ☐ 은 모두 크기와 모양이 같습니다.

ㄷ ☐ 이 없습니다.

ㄹ ☐ 이 없습니다.

ㅁ 어느 쪽에서 보아도 ☐ 모양입니다.

2단계 **구하려는 것** (1점)

☐ 에 대한 설명으로 (옳은 , 틀린) 것의 기호를 쓰려고 합니다.

3단계 **문제 해결 방법** (2점)

각각이 ☐ 의 특징인지 아닌지 알아봅니다.

4단계 **문제 풀이 과정** (3점)

원에 대한 설명이 틀린 것은 ☐ 입니다. 원은 ☐ 은 모두 같지만 ☐ 는 다를 수 있습니다.

5단계 **구하려는 답** (2점)

 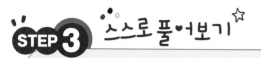 스스로 풀어보기

 유형 1

1. 다음은 성희가 그린 도형입니다. 그림을 보고 도형의 특징을 알아보고, 어떤 도형인지 쓰세요. [10점]

풀이

성희가 그린 도형은 [   ] 선이 없고 (둥근 , 뾰족한) 부분도 없습니다. 그리고 어느 쪽에서

보아도 똑같이 동그란 모양입니다. 따라서 성희가 그린 도형은 [   ] 입니다.

답 _____

2. 소영이와 성호의 대화 중 잘못 말한 사람은 누구인지 풀이 과정을 쓰고, 답을 구하세요. [15점]

> **소영** 원은 뾰족한 부분이 없지만 곧은 선은 있어.
> **성호** 원은 어느 쪽에서 보아도 동그란 모양이야.

풀이

답 _____

STEP 1 대표 문제 맛보기

정민이가 이야기하고 있는 도형을 찾아 기호를 쓰려고 합니다. 풀이 과정을 쓰고, 답을 구하세요. (8점)

(가) (나) (다) (라)
(마) (바) (사) (아)

정민 곧은 선 3개로 이루어져 있고, 두 곧은 선이 만나는 점도 3개입니다.

1단계 알고 있는 것 (1점)

정민이가 이야기하고 있는 도형은 [ ] 선 3개로 이루어져 있고, 두 곧은 선이 만나는 점도 [ ] 개입니다.

2단계 구하려는 것 (1점)

정민이가 이야기하고 있는 [ ] 은 무엇인지 찾아 [ ] 를 쓰려고 합니다.

3단계 문제 해결 방법 (2점)

곧은 선 [ ] 개로 이루어져 있고, 두 곧은 선이 만나는 [ ] 도 3개인 도형은 [ ] 입니다.

4단계 문제 풀이 과정 (3점)

[ ] 선 [ ] 개로 이루어져 있고, 두 곧은 선이 만나는 [ ] 이 [ ] 개인 도형은 [ ] 입니다. 도형 중 [ ] 의 기호는 [ ] , [ ] , [ ] 입니다.

5단계 구하려는 답 (1점)

따라서 정민이가 이야기하는 도형의 기호는 [ ] , [ ] , [ ] 입니다.

다음 도형들 중에서 예준이가 이야기하고 있는 도형이 아닌 것은 몇 개인지 풀이 과정을 쓰고, 답을 구하세요. (9점)

(가) (나) (다) (라)

(마) (바) (사) (아)

예준 곧은 선 4개로 둘러싸인 도형입니다.
뾰족한 부분이 4군데입니다.
끊어진 부분이 없습니다.

1단계 알고 있는 것 (1점)

예준 : [ ] 선 [ ] 개로 둘러싸인 도형입니다.

뾰족한 부분이 [ ] 군데입니다.

끊어진 부분이 (있습니다 , 없습니다).

2단계 구하려는 것 (1점)

주어진 도형들 중에서 예준이가 이야기하고 있는 도형이 [ ] 것은 몇 개인지 구하려고 합니다.

3단계 문제 해결 방법 (2점)

곧은 선 [ ] 개로 둘러싸여 있고, 뾰족한 부분이 [ ] 군데이며 끊어진 부분이 (있는 , 없는) 도형은 [ ] 입니다. 따라서

[ ] 이 아닌 것을 찾습니다.

4단계 문제 풀이 과정 (3점)

예준이가 이야기하고 있는 도형은 (삼각형 , 사각형)입니다.

(삼각형 , 사각형)은 변이 [ ] 개이고 꼭짓점도 [ ] 개인 도형입니다.

주어진 도형들 중 [ ], (다), [ ], [ ], (아)는 (삼각형 , 사각형)

이 아니므로 (삼각형 , 사각형)이 아닌 것은 모두 [ ] 개입니다.

5단계 구하려는 답 (2점)

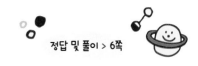

 STEP 3 스스로 풀어보기

1. 다음 그림에서 찾을 수 있는 크고 작은 삼각형은 모두 몇 개인지 풀이
과정을 쓰고, 답을 구하세요. (10점)

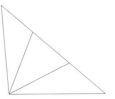

풀이

삼각형 1개로 이루어진 삼각형은 [ ]개, 삼각형 2개로 이루어진 삼각형은 [ ]개,

삼각형 3개로 이루어진 삼각형은 [ ]개입니다. 따라서 크고 작은 삼각형은

(삼각형 1개로 이루어진 삼각형) + (삼각형 2개로 이루어진 삼각형)

+ (삼각형 3개로 이루어진 삼각형)

= [ ] + [ ] + [ ] = [ ] (개)입니다.

답 _____

2. 다음 도형에서 찾을 수 있는 크고 작은 삼각형은 모두 몇 개인지 풀이
과정을 쓰고, 답을 구하세요. (15점)

 풀이

답 _____

STEP 1 대표 문제 맛보기

나현이가 가지고 있는 도형은 무엇인지 기호를 찾아 쓰려고 합니다. 풀이 과정을 쓰고, 답을 구하세요. (8점)

(가) (나) (다) (라)

(마) (바) (사) (아)

나현 내가 가지고 있는 도형은 변이 5개이고 꼭짓점이 5개야.

1단계 알고 있는 것 (1점)
나현이가 가지고 있는 도형은 변이 ☐ 개이고 꼭짓점이 ☐ 개 입니다.

2단계 구하려는 것 (1점)
나현이가 가지고 있는 ☐ 을 찾아 ☐ 를 쓰려고 합니다.

3단계 문제 해결 방법 (2점)
변이 ☐ 개이고 꼭짓점이 ☐ 개인 도형은 ☐ 입니다.
주어진 도형들 중에서 ☐ 을 찾아 기호를 씁니다.

4단계 문제 풀이 과정 (3점)
변이 5개이고 꼭짓점이 5개인 도형은 ☐ 입니다. (나)와 (다)는
변과 꼭짓점의 수가 ☐ 개이고 (마)와 (아)는 변과 꼭짓점의 수가
☐ 개, (사)는 변과 꼭짓점의 수가 ☐ 개입니다. 그러므로
☐ 은 ☐ , ☐ , ☐ 입니다.

5단계 구하려는 답 (1점)
따라서 나현이가 이야기한 도형은 ☐ 이고, 주어진 도형들
중에서 ☐ 인 것의 기호는 ☐ , ☐ , ☐ 입니다.

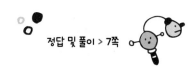

STEP 2 따라 풀어보기 ☆

벌들은 집을 그림과 같이 육각형 모양으로 짓습니다. 육각형은 서로 이어 붙였을 때 빈틈이 전혀 없는 도형 중에서 가장 넓어서 꿀을 꽉 채울 수 있기 때문입니다. 이때, 육각형의 변과 꼭짓점 수의 합은 몇 개인지 구하려고 합니다.

풀이 과정을 쓰고, 답을 구하세요. [9점]

1단계 알고 있는 것 [1점]   (오각형 , 육각형) 모양의 벌집

2단계 구하려는 것 [1점]   육각형의 변과 [   ] 수의 (합 , 차)(을)를 구하려고 합니다.

3단계 문제 해결 방법 [2점]   육각형의 [   ] 과 꼭짓점의 수를 구하고 두 수를 (더합니다 , 뺍니다).

4단계 문제 풀이 과정 [3점]   육각형은 변이 [   ] 개이고 꼭짓점이 [   ] 개인 도형입니다.
그러므로 (육각형의 변의 수) + (육각형의 꼭짓점의 수)
= [   ] + [   ]
= [   ] 입니다.

5단계 구하려는 답 [2점]

STEP 3 스스로 풀어보기 ☆

1. 다음은 하늘에서 땅을 바라보고 찍은 사진입니다. 사진 속에 표시된 도형의 변의 수의 차는 몇 개

인지 풀이 과정을 쓰고, 답을 구하세요. 10점

ㄱ    ㄴ

풀이

ㄱ은 [   ]이고, 변의 수는 [   ]개입니다. ㄴ은 [   ]이고, 변의 수는 [   ]개입

니다. 따라서 두 도형의 변의 수의 차는 [   ] − [   ] = [   ] (개)입니다.

답 _____

2. 연서와 대훈이의 대화 중 잘못 말한 사람은 누구인지 풀이 과정을 쓰고, 답을 구하세요. 15점

연서 오각형의 변의 수와 꼭짓점 수의 차는 0개입니다.

대훈 육각형의 변의 수는 삼각형의 변과 꼭짓점 수의 합보다 많습니다.

풀이

답 _____

☆ 똑같이 쌓기, 여러 가지 모양으로 쌓기

정답 및 풀이 > 7쪽

STEP 1 대표 문제 맛보기

승현이의 설명대로 쌓은 모양은 어느 것인지 기호를 쓰려고 합니다. 풀이 과정을 쓰고, 답을 구하세요. (8점)

> **승현** 쌓기나무 2개가 옆으로 나란히 있고, 그 뒤에 쌓기나무가 각각 1개씩 있습니다.

ㄱ   ㄴ   ㄷ

1단계 알고 있는 것 (1점)

승현 : 쌓기나무 ☐ 개가 옆으로 ☐ 있고,

그 뒤에 쌓기나무가 각각 ☐ 개씩 있습니다.

2단계 구하려는 것 (1점)

승현이가 설명한 대로 쌓은 ☐ (은)는 무엇인지 구하려고 합니다.

3단계 문제 해결 방법 (2점)

승현이가 설명한 대로 쌓기나무 2개가 옆으로 ☐ 있는 것을

찾은 후, 그 뒤에 각각 ☐ 개씩 놓여져 있는 것을 찾아 해결합니다.

4단계 문제 풀이 과정 (3점)

쌓기나무 2개가 옆으로 나란히 있는 것은 ☐ 과 ☐ 이고

그 뒤에 각각 ☐ 개씩 있는 것은 ☐ 입니다.

5단계 구하려는 답 (1점)

따라서 승현이의 설명대로 쌓은 모양은 ☐ 입니다.

미나와 현영이가 쌓기나무로 쌓은 모양에 대해 이야기하고 있습니다. 쌓은 모양에 대한 설명이 틀린 사람은 누구인지 풀이 과정을 쓰고, 답을 구하세요. (9점)

왼쪽   오른쪽

미나 3개가 옆으로 나란히 놓여 있습니다.
현영 2층 왼쪽에 쌓기나무 2개가 있습니다.

1단계 알고 있는 것 (1점)

미나 : ☐ 개가 옆으로 [   ] 놓여 있습니다.

현영 : ☐ 층 (왼쪽 , 오른쪽)에 쌓기나무 ☐ 개가 있습니다.

2단계 구하려는 것 (1점)

쌓기나무로 쌓은 모양에 대한 설명이 (옳은 , 틀린) 사람이 누구인지 구하려고 합니다.

3단계 문제 해결 방법 (2점)

☐ 개가 옆으로 [   ] 놓여 있고 2층 왼쪽에 쌓기나무

☐ 개가 있는지 쌓은 모양과 개수와 놓인 위치를 비교합니다.

4단계 문제 풀이 과정 (3점)

쌓기나무로 쌓은 모양은 1층에 쌓기나무 ☐ 개가 옆으로 나란히

있고 (왼쪽 , 오른쪽) 쌓기나무 위에 ☐ 개가 있습니다. 현영이는

2층 (왼쪽 , 오른쪽)에 쌓기나무 ☐ 개가 있다고 했으므로 틀리게

이야기한 것입니다.

5단계 구하려는 답 (2점)

STEP 3 스스로 풀어보기 ☆

1. 쌓기나무로 쌓은 모양입니다. 사용한 쌓기나무의 개수가 가장 많은 것을 찾아 기호를 쓰려고 합니다. 풀이 과정을 쓰고, 답을 구하세요. (10점)

ㄱ   ㄴ   ㄷ   ㄹ

풀이

ㄱ은 1층에 ☐ 개, 2층에 1개로 모두 ☐ 개, ㄴ은 1층에 3개, 2층에 ☐ 개로 모두

☐ 개, ㄷ은 1층에 ☐ 개, 2층에 1개로 모두 ☐ 개, ㄹ은 1층에 ☐ 개로 만든 것입

니다. 따라서 사용한 쌓기나무의 개수가 가장 많은 것은 ☐ 입니다.

답

2. 쌓기나무로 쌓은 모양입니다. 각 모양에 사용한 쌓기나무의 개수를 구해서 가장 많은 것과 가장 적은 것의 개수의 차를 구하려고 합니다. 풀이 과정을 쓰고, 답을 구하세요. (15점)

ㄱ   ㄴ   ㄷ   ㄹ

풀이

답

실력 다지기

스스로 문제를 풀어보며 실력을 높여보세요.

 1

 유형 ❶+❷+❸

힌트로 해결 끝!

곧은 선과 곧은 선이 만나는 점이 꼭짓점이에요.

다음 도형들의 꼭짓점은 모두 몇 개인지 풀이 과정을 쓰고, 답을 구하세요. 20점

풀이

각 도형의 꼭짓점 수를 세어 볼까요?

답 _____

 2

 유형 ❷+❹

힌트로 해결 끝!

두 조각을 붙여서 다른 도형을 만들어 보세요.

의진이와 친구들은 칠교판 조각에 그림과 같이 번호를 붙였습니다. 칠교판 조각을 이용하여 사각형을 만들려고 합니다. 의진이와 친구들이 이용할 조각들이 다음과 같을 때, 사각형을 만들 수 없는 사람은 누구인지 풀이 과정을 쓰고, 답을 구하세요. 20점

의진 ① + ②   민재 ④ + ⑤
시안 ④ + ⑥   예서 ⑤ + ⑦

길이가 같은 부분을 맞대어 도형을 만들어야 해요!

풀이

답 _____

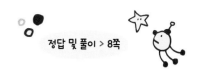

3 창의융합

정진이네 모둠 친구들은 다음과 같은 사각형을 만들고 그 사각형의 네 변 위에 그림과 같이 5개의 점을 찍었습니다. 점과 점을 곧은 선으로 이어 선대로 모두 잘랐을 때 생기는 삼각형은 모두 몇 개인지 구하려고 합니다. 풀이 과정을 쓰고, 답을 구하세요. (20점)

[풀이]

답 _____

점과 점을 반듯하게 이어 주세요.

삼각형에 색칠을 하고 개수를 세어도 좋아요.

4 스토리텔링

아랍에미리트는 아라비아 반도 동부에 있는 7개의 에미리트로 이루어진 나라입니다. 원래 9개로 구성되어 있었으나 1971년 카타르와 바레인이 분리 독립을 했습니다. 이 나라의 국기에서 찾을 수 있는 크고 작은 사각형은 모두 몇 개인지 풀이과정을 쓰고, 답을 구하세요. (20점)

[풀이]

답 _____

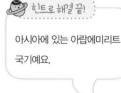

아시아에 있는 아랍에미리트 국기예요.

국기에 있는 각각의 사각형에 숫자를 써 볼까요?

작은 도형의 개수를 늘려가며 크고 작은 사각형의 수를 구해요.

모를 때 찍어봐!

정답 및 풀이 > 9쪽

다음은 주어진 낱말과 조건을 활용해서 만든 문제를 보고 풀이 과정과 답을 구한 것입니다.
어떤 문제였을까요? 거꾸로 문제 만들기, 도전해 볼까요? [15점]

낱말 축구공

조건 오각형과 육각형에 대한 문제 만들기

★ 힌트 ★
축구공은 오각형과 육각형으로 이루어져
있어요.

문제

풀이

축구공에서 찾을 수 있는 2개의 도형은 오각형과 육각형입니다.

오각형은 꼭짓점이 5개이고, 육각형은 꼭짓점이 6개입니다.

따라서 오각형과 육각형의 꼭짓점 수의 합은 5+6=11(개)입니다.

답 11개

3. 덧셈과 뺄셈

핵심유형 1 · 받아올림이 있는 두 자리 수의 덧셈

STEP 1 대표 문제 맛보기

두 사람의 대화를 읽고 윤호가 받은 사탕은 몇 개인지 구하려고 합니다. 풀이 과정을 쓰고, 답을 구하세요. (8점)

> 희주 오늘 체험 학습을 하고 사탕을 38개나 받았어.
> 윤호 나는 너보다 사탕 9개를 더 받았지.

1단계 알고 있는 것 (1점)

희주가 받은 사탕의 수 : ☐ 개

윤호가 받은 사탕의 수 : 희주보다 ☐ 개 더 많이 받았습니다.

2단계 구하려는 것 (1점)

☐ 가 받은 ☐ 의 수는 모두 몇 개인지 구하려고 합니다.

3단계 문제 해결 방법 (2점)

희주의 사탕의 수에 ☐ 를 (더해서 , 빼서) 해결합니다.

4단계 문제 풀이 과정 (3점)

(윤호의 사탕의 수) = (희주의 사탕의 수) + ☐

= ☐ + ☐

= ☐ (개)

5단계 구하려는 답 (1점)

따라서 윤호가 받은 사탕의 수는 ☐ 개입니다.

44

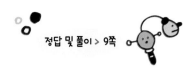

STEP 2 따라 풀어보기 ☆

민준이는 매일 줄넘기를 하고 있습니다. 어제는 45번, 오늘은 49번 하였습니다. 어제와 오늘 민준이는 줄넘기를 모두 몇 번했는지 풀이 과정을 쓰고, 답을 구하세요. 9점

1단계 **알고 있는 것** 1점

민준이가 어제 한 줄넘기의 횟수 : ☐ 번

민준이가 오늘 한 줄넘기의 횟수 : ☐ 번

2단계 **구하려는 것** 1점

☐ 와 오늘 민준이는 ☐ 를 모두 몇 번했는지 구하려고 합니다.

3단계 **문제 해결 방법** 2점

민준이가 어제 한 줄넘기의 횟수와 ☐ 한 줄넘기의 횟수를 (더합니다 , 뺍니다).

4단계 **문제 풀이 과정** 3점

(민준이가 어제와 오늘 한 줄넘기의 횟수)

= (어제 한 줄넘기의 횟수) + (오늘 한 줄넘기의 횟수)

= ☐ + ☐

= ☐ (번)

5단계 **구하려는 답** 2점

📌 **받아올림이 있는 두 자리 수의 덧셈**

이것만 알면 문제해결 OK!

☆ 일의 자리 수끼리의 합이 10이거나 10보다 크면
10을 십의 자리로 받아올림하고 표시해요.

☆ 십의 자리 수끼리의 합이 100이거나 100이 넘으면
100을 백의 자리로 받아올림하고 표시해요.

```
    1              1 1
   3 8            7 5
 + 1 9          + 4 8
 ─────          ─────
   5 7          1 2 3
```

STEP 3 스스로 풀어보기

1. 영준이는 동화책을 어제는 28쪽 읽었고, 오늘은 어제보다 9쪽 더 읽었습니다. 영준이가 오늘 읽은 동화책은 모두 몇 쪽인지 풀이 과정을 쓰고, 답을 구하세요. 〔10점〕

풀이

오늘 읽은 동화책 쪽수는 어제 읽은 쪽수에 오늘 더 읽은 쪽수를 더해서 구합니다.

(오늘 읽은 동화책 쪽수) = (어제 읽은 동화책 쪽수) + (더 읽은 동화책 쪽수)

= ☐ + ☐ = ☐ (쪽)

따라서 영준이가 오늘 읽은 동화책은 모두 ☐ 쪽입니다.

답 _____

2. 병민이네 농장에는 돼지가 95마리, 소가 8마리 있습니다. 병민이네 농장에 있는 돼지와 소는 모두 몇 마리인지 풀이 과정을 쓰고, 답을 구하세요. 〔15점〕

풀이

답 _____

핵심유형2 ☆ 받아내림이 있는 두 자리 수의 뺄셈

정답 및 풀이 > 10쪽

STEP 1 대표 문제 맛보기

주안이는 딱지를 56장 가지고 있었습니다. 딱지치기를 하다가 8장을 잃었습니다.
주안이에게 남은 딱지는 몇 장인지 풀이 과정을 쓰고, 답을 구하세요. (8점)

1단계 알고 있는 것 (1점)

주안이가 가지고 있던 딱지의 수 : ⬜장

주안이가 잃은 딱지의 수 : ⬜장

2단계 구하려는 것 (1점)

주안이가 딱지치기를 하고 남은 ⬜는 몇 장인지 구하려고 합니다.

3단계 문제 해결 방법 (2점)

처음에 가지고 있던 딱지의 수에서 잃은 딱지 수를
(더합니다 , 뺍니다).

4단계 문제 풀이 과정 (3점)

(주안이에게 남은 딱지의 수)

= (처음 가지고 있던 딱지의 수) − (잃은 딱지의 수)

= ⬜ − ⬜

= ⬜ (장)

5단계 구하려는 답 (1점)

따라서 주안이에게 남은 딱지는 ⬜장입니다.

할아버지의 나이는 74세이고 민수의 나이는 15세입니다. 할아버지의 나이는 민수의 나이보다 몇 세 더 많은지 풀이 과정을 쓰고, 답을 구하세요. (9점)

1단계 알고 있는 것 (1점)

할아버지의 나이 : ☐ 세

민수의 나이 : ☐ 세

2단계 구하려는 것 (1점)

☐의 나이는 ☐의 나이보다 몇 세 더 많은지 구하려고 합니다.

3단계 문제 해결 방법 (2점)

☐의 나이에서 ☐의 나이를 (더합니다 , 뺍니다).

4단계 문제 풀이 과정 (3점)

할아버지의 나이에서 민수의 나이를 빼면

(할아버지의 나이) − (민수의 나이)

= ☐ − ☐

= ☐ (세)입니다.

5단계 구하려는 답 (2점)

_____

123

이것만 알면 문제 해결 OK!

📌 **받아내림이 있는 두 자리 수의 뺄셈**

☆ 일의 자리 수끼리 뺄 수 없으면 십의 자리에서 10을 받아내림해요.

```
   3  10          3  10
   4  0           4  2
-  2  6        -  1  8
─────────      ─────────
   1  4           2  4
```

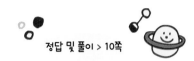

유형②

STEP 3 스스로 풀어보기

1. 네 수 6, 3, 5, 4 중 두 수를 골라 두 자리 수를 만들 때, 둘째로 큰 수와 둘째로 작은 수의 차를 구하려고 합니다. 풀이 과정을 쓰고, 답을 구하세요. (10점)

풀이

수의 크기를 비교하면 3 < 4 < 5 < 6이므로 가장 큰 두 자리 수는 ☐ 이고

둘째로 큰 두 자리 수는 ☐ 입니다.

가장 작은 두 자리 수는 ☐ 이고 둘째로 작은 두 자리 수는 ☐ 입니다. 따라서

(둘째로 큰 수) − (둘째로 작은 수)

= ☐ − ☐

= ☐ 입니다.

답 _____

2. 수 카드 2장을 골라 가장 작은 두 자리 수를 만들었습니다. 만든 수보다 17만큼 더 작은 수를 구하려고 합니다. 풀이 과정을 쓰고, 답을 구하세요. (15점)

| 3 | 7 | 4 | 6 |

풀이

답 _____

⭐ 덧셈과 뺄셈의 관계, □의 값 구하기

STEP 1 대표 문제 맛보기

여진이네 가족은 산에 갔습니다. 산길을 가다 주운 도토리 34개 중 몇 개를 다람쥐에게 주었더니 남은 도토리의 수가 19개였습니다. 다람쥐에게 준 도토리의 수를 □개라 하여 뺄셈식을 만들어 구하려고 합니다. 풀이 과정을 쓰고, 답을 구하세요. (8점)

1단계 알고 있는 것 (1점)

여진이네 가족이 주운 도토리의 수 : ☐ 개

다람쥐에게 주고 남은 도토리의 수 : ☐ 개

2단계 구하려는 것 (1점)

다람쥐에게 (받은 , 준) 도토리의 수를 □개라 하여 (덧셈식 , 뺄셈식)을 만들어 구하려고 합니다.

3단계 문제 해결 방법 (2점)

다람쥐에게 준 도토리 수를 □개라 하여 (덧셈식 , 뺄셈식)을 만들고, □를 구합니다.

4단계 문제 풀이 과정 (3점)

다람쥐에게 준 도토리 수를 □개라 하면

$34 - □ = $ ☐

$□ = $ ☐ $- 19$

$□ = $ ☐ 입니다.

5단계 구하려는 답 (1점)

따라서 다람쥐에게 준 도토리 수는 ☐ 개입니다.

50

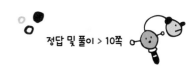

STEP 2 따라 풀어보기 ☆

성준이는 어제 도넛을 48개 만들었습니다. 오늘 몇 개를 더 만들어서 모두 74개가 되었습니다. 오늘 만든 도넛은 몇 개인지 □를 사용한 덧셈식을 만들어 구하려고 합니다. 풀이 과정을 쓰고, 답을 구하세요. (9점)

1단계 알고 있는 것 (1점)

성준이가 어제 만든 도넛의 수 : ☐ 개

어제와 오늘 만든 도넛의 수 : ☐ 개

2단계 구하려는 것 (1점)

오늘 만든 ☐ 의 수는 몇 개인지 □를 사용한 (덧셈식 , 뺄셈식)을 만들어 구하려고 합니다.

3단계 문제 해결 방법 (2점)

오늘 만든 도넛의 수를 □개라 하여 (덧셈식 , 뺄셈식)을 만들고, □를 구합니다.

4단계 문제 풀이 과정 (3점)

오늘 만든 도넛의 수를 □개라 하면

48 + □ = ☐

□ = ☐ − ☐

□ = ☐ 입니다.

5단계 구하려는 답 (2점)

STEP 3 스스로 풀어보기 ☆

유형 ❸

1. 민아는 우표 52장을 가지고 있습니다. 그중에서 우표 몇 장을 동생에게 주었더니 27장이 남았습니다. 민아가 동생에게 준 우표의 수를 □를 사용한 뺄셈식을 만들어 구하려고 합니다. 풀이 과정을 쓰고, 답을 구하세요. (10점)

> **풀이**
>
> 민아가 동생에게 준 우표의 수를 □장이라 하여 뺄셈식을 세우면
>
> $\boxed{} - □ = \boxed{}$ 이고,
>
> $□ = \boxed{} - \boxed{}$
>
> $□ = \boxed{}$ 입니다.
>
> 따라서 민아가 동생에게 준 우표는 $\boxed{}$ 장입니다.
>
> 답 _____

2. 의경이는 칭찬붙임 딱지를 35장 모았습니다. 50장이 되면 책 한 권을 살 수가 있습니다. 더 모아야 하는 칭찬붙임 딱지의 수를 □를 사용한 덧셈식을 만들어 구하려고 합니다. 풀이 과정을 쓰고 답을 구하세요. (15점)

풀이

답 _____

☆ 세 수의 혼합 계산

정답 및 풀이 > 11쪽

STEP 1 대표 문제 맛보기

동물원에 펭귄들이 있습니다. 첫 번째 펭귄 우리에는 26마리, 두 번째 펭귄 우리에는 28마리가 있습니다. 오늘 17마리의 펭귄을 다른 동물원에 보냈습니다. 지금 동물원에 있는 펭귄은 모두 몇 마리인지 세 수의 계산 식을 세워 구하려고 합니다. 풀이 과정을 쓰고, 답을 구하세요. (8점)

1단계 알고 있는 것 (1점)

첫 번째 펭귄 우리에 있는 펭귄의 수 : ☐ 마리

두 번째 펭귄 우리에 있는 펭귄의 수 : ☐ 마리

다른 동물원에 보낸 펭귄의 수 : ☐ 마리

2단계 구하려는 것 (1점)

지금 동물원에 있는 ☐ 은 모두 몇 마리인지 구하려고 합니다.

3단계 문제 해결 방법 (2점)

첫 번째 우리에 있는 펭귄의 수와 두 번째 우리에 있는 펭귄의 수를 (더하고 , 빼고), 다른 동물원에 보낸 펭귄의 수를 (더합니다 , 뺍니다).

4단계 문제 풀이 과정 (3점)

각 우리에 있는 펭귄의 수를 더한 후, 다른 동물원에 보낸 펭귄 수를 뺍니다.

(지금 동물원에 있는 펭귄 수)

= (첫 번째 우리에 있는 펭귄의 수) + (두 번째 우리에 있는 펭귄의 수)
  − (다른 동물원에 보낸 펭귄의 수)

= ☐ + ☐ − ☐

= ☐ − ☐

= ☐ (마리)

5단계 구하려는 답 (1점)

따라서 지금 동물원에 있는 펭귄의 수는 ☐ 마리입니다.

도서관에 어린이 63명이 책을 읽고 있었습니다. 잠시 후, 19명이 나가고 27명이 들어 왔습니다. 지금 도서관에 있는 어린이는 몇 명인지 세 수의 계산 식을 세워 풀이 과정 을 쓰고, 답을 구하세요. (9점)

1단계 알고 있는 것 (1점)

도서관에서 책을 읽고 있던 어린이의 수 : ☐ 명

도서관에서 나간 어린이의 수 : ☐ 명

도서관에 들어온 어린이의 수 : ☐ 명

2단계 구하려는 것 (1점)

지금 ☐ 에 있는 어린이는 모두 몇 명인지 구하려고 합니다.

3단계 문제 해결 방법 (2점)

도서관에서 책을 읽고 있던 어린이의 수에서 도서관에서 나간 어린 이의 수를 (더하고 , 빼고), 도서관에 들어온 어린이의 수를 (더합니다 , 뺍니다).

4단계 문제 풀이 과정 (3점)

(지금 도서관에 있는 어린이의 수)

= (책을 읽고 있던 어린이의 수) − (도서관에서 나간 어린이의 수)
　＋ (도서관에 들어온 어린이의 수)

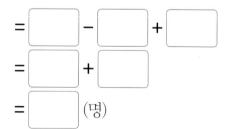

= ☐ − ☐ ＋ ☐

= ☐ ＋ ☐

= ☐ (명)

5단계 구하려는 답 (2점)

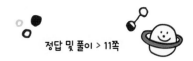

STEP 3 스스로 풀어보기 ☆

유형 ④

1. 과일 가게에 오렌지가 56개, 키위가 28개 있습니다. 이 중에서 47개를 팔았다면 남은 오렌지와 키위는 모두 몇 개인지 세 수의 계산 식으로 구하려고 합니다. 풀이 과정을 쓰고, 답을 구하세요. (10점)

풀이

오렌지 수와 키위 수를 더한 후 판 과일 수를 뺍니다.

(남은 오렌지와 키위의 수) = (오렌지의 수) + (키위의 수) − (판매한 과일의 수)

= ☐ + ☐ − ☐

= ☐ − 47

= ☐ (개)

따라서 남은 오렌지와 키위는 모두 ☐ 개입니다.

답 _____

2. 꽃집에서 국화 65송이 중에서 36송이를 팔았습니다. 그리고 48송이를 더 사 왔습니다. 꽃집에 있는 국화는 모두 몇 송이인지 세 수의 계산 식으로 구하려고 합니다. 풀이 과정을 쓰고 답을 구하세요. (15점)

풀이

답 _____

스스로 문제를 풀어보며 실력을 높여보세요.

 유형❶+❸

 힌트로 해결 끝!

★은 두 자리 수입니다. ★에 8을 더했을 때 계산 결과의 일의 자리 숫자는 4이고, ★에서 9를 뺐을 때 계산 결과의 십의 자리 숫자는 5입니다. ★에 알맞은 수를 구하는 풀이 과정을 쓰고, 답을 구하세요. (20점)

★을 □△로 생각해요.

풀이

받아올림과 받아내림을 생각하여 □와 △에 알맞은 수를 찾아요.

답

 2

 유형❷+❹

 힌트로 해결 끝!

다음은 수정이와 친구들이 가지고 있는 연필의 수를 조사하여 나타낸 표입니다. 수정이와 상민이의 연필의 수는 현화와 정민이의 연필의 수보다 얼마나 더 많은지 구하려고 합니다. 풀이 과정을 쓰고, 답을 구하세요. (20점)

수정이와 상민이가 가지고 있는 연필 수의 합을 구해요.

수정이와 친구들이 가지고 있는 연필의 수

이름	현화	수정	정민	상민
연필 수(자루)	29	36	16	47

풀이

현화와 정민이가 가지고 있는 연필 수의 합을 구해요.

답

3

창의융합

성냥개비를 사용하여 만든 뺄셈식입니다. 계산 결과가 맞지 않아 성냥개비 한 개를 빼서 답이 28이 되도록 하려고 합니다. 성냥개비 한 개를 빼야 하는 숫자는 무엇인지 풀이 과정을 쓰고, 답을 구하세요. (20점)

힌트로 해결 끝!

성냥개비를 움직이기 전에 계산 결과가 28이 되는 식을 먼저 생각해요.

풀이

답

4

스토리텔링

다음 글을 읽고 물음에 답하세요.

> '누리호'의 총 길이는 약 47 미터로 2013년 쏘아올린 길이 33 미터의 '나로호'보다 더 깁니다. '나로호'보다 덩치가 훨씬 큰 '누리호'를 발사하기 위해 약 45 미터 높이의 대형 타워도 설치했습니다.

위의 글에서 찾을 수 있는 두 자리 수를 모두 더한 값을 구하려고 합니다. 풀이 과정을 쓰고, 답을 구하세요. (20점)

힌트로 해결 끝!

글에서 찾을 수 있는 두 자리 수를 모두 찾아 더해요.

'누리호'는 순수 대한민국의 기술로 개발되는 우주 발사체예요.

풀이

답

모를 때 찍어봐!

정답 및 풀이 > 12쪽

다음은 주어진 수와 낱말, 조건을 활용해서 만든 문제를 보고 풀이 과정과 답을 구한 것입니다.
어떤 문제였을까요? 거꾸로 문제 만들기, 도전해 볼까요? (15점)

수	56, 28
낱말	초콜릿
조건	뺄셈 문제 만들기

★힌트★
남은 초콜릿 수를 구하는 질문을 만들어요

문제

풀이

(남은 초콜릿 수)=(한 상자 안에 들어 있는 초콜릿 수)-(친구들과 나누어 먹은 초콜릿 수)

=56-28

=28(개)

따라서 남은 초콜릿 수는 28개입니다.

답   28개

4. 길이 재기

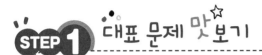

STEP 1 대표 문제 맛보기

서로 다른 물건들을 단위로 하여 스케치북의 긴 쪽의 길이를 재었습니다. 재어 나타낸 수가 가장 큰 것의 기호를 쓰려고 합니다. 풀이 과정을 쓰고, 답을 구하세요. (8점)

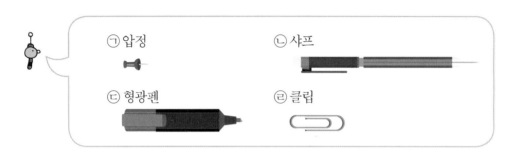

ㄱ 압정   ㄴ 샤프   ㄷ 형광펜   ㄹ 클립

1단계 알고 있는 것 (1점)

서로 다른 물건 ㄱ [　　], ㄴ 샤프, ㄷ 형광펜, ㄹ [　　]이 주어져 있습니다.

2단계 구하려는 것 (1점)

재어 나타낸 수가 가장 (큰 , 작은) 것의 기호를 쓰려고 합니다.

3단계 문제 해결 방법 (2점)

물건의 길이가 짧을수록 재어 나타낸 수가 (큽니다 , 작습니다).

4단계 문제 풀이 과정 (3점)

물건의 길이가 (길수록 , 짧을수록) 재어 나타낸 수가 큽니다.

물건의 길이가 짧은 것부터 나타내면 압정, [　　], [　　], 샤프입니다.

5단계 구하려는 답 (1점)

따라서 스케치북의 긴 쪽의 길이를 재어 나타낸 수가 가장 큰 것을 기호로 쓰면 [　　]입니다.

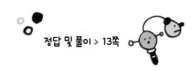

STEP 2 따라 풀어보기 ☆

지영이는 칠판의 긴 쪽의 길이를 양팔과 지팡이로 재어보았습니다. 그 길이는 지영이의 양팔로 3번이고 지팡이로 4번이었습니다. 지영이의 양팔과 지팡이 중 길이가 더 긴 것은 어느 것인지 풀이 과정을 쓰고, 답을 구하세요. (9점)

1단계 **알고 있는 것** (1점)

칠판의 긴 쪽의 길이는 지영이의 양팔로 ☐ 번, 지팡이로 ☐ 번입니다.

2단계 **구하려는 것** (1점)

지영이의 양팔과 지팡이 중 길이가 더 (긴 , 짧은) 것을 구하려고 합니다.

3단계 **문제 해결 방법** (2점)

재어 나타낸 수가 (작을수록 , 클수록) 단위의 길이가 깁니다.

4단계 **문제 풀이 과정** (3점)

재어 나타낸 수가 (작을수록 , 클수록) 단위의 길이가 깁니다. 칠판의 긴 쪽의 길이는 지영이의 양팔로 ☐ 번, 지팡이로 ☐ 번이고 ☐ < ☐ 이므로 재어 나타낸 수가 더 작은 것은 (지영이의 양팔 , 지팡이)입니다.

5단계 **구하려는 답** (2점)

유형❶

1. 리본의 길이는 못으로 4번입니다. 못의 길이가 옷핀으로 2번일 때, 이 리본의 길이를 옷핀으로 재면 몇 번인지 풀이 과정을 쓰고, 답을 구하세요. (10점)

풀이

못의 길이가 옷핀으로 ☐번이므로 못으로 4번인 길이는 옷핀으로

☐ + ☐ + ☐ + 2 = ☐ (번)입니다. 따라서 리본의 길이는 옷핀으로 ☐번입니다.

답 _____

2. 책꽂이의 긴 쪽의 길이는 색연필로 16번입니다. 막대기의 길이가 색연필로 2번이라면 책꽂이의 긴 쪽의 길이는 막대기로 몇 번인지 풀이 과정을 쓰고, 답을 구하세요. (15점)

풀이

답 _____

STEP 1 대표 문제 맛보기

다음 중 길이가 가장 짧은 것은 무엇인지 기호로 쓰려고 합니다. 풀이 과정을 쓰고, 답을 구하세요. (8점)

⊙ 내 한 뼘의 길이는 1 cm가 12번이야.

⊙ 볼펜의 길이는 10 센티미터야.

⊙ 연필의 길이는 11 cm야.

1단계 알고 있는 것 (1점)

⊙ 내 한 뼘의 길이는 1 cm가 [　] 번이야.

⊙ 볼펜의 길이는 [　] 센티미터야.

⊙ 연필의 길이는 [　] cm야.

2단계 구하려는 것 (1점)

길이가 가장 (긴 , 짧은) 것의 [　] 를 쓰려고 합니다.

3단계 문제 해결 방법 (2점)

⊙, [　] , [　] 의 길이를 cm로 나타내어 비교합니다.

4단계 문제 풀이 과정 (3점)

1 cm가 12번이면 [　] cm, 10 센티미터는 10 [　] 입니다.

⊙, ⊙, ⊙의 길이를 cm로 나타내면 ⊙은 [　] cm,

⊙은 [　] cm, ⊙은 [　] cm입니다.

길이를 비교하면 [　] cm < 11 cm < [　] cm입니다.

5단계 구하려는 답 (1점)

따라서 길이가 가장 짧은 것을 기호로 쓰면 [　] 입니다.

그림에서 가장 작은 삼각형의 세 변의 길이는 1 cm로 모두 같습니다. 빨간색 선의 길이는 몇 cm인지 풀이 과정을 쓰고, 답을 구하세요. (9점)

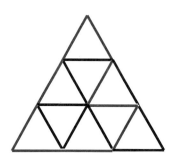

1단계 알고 있는 것 (1점)

주어진 그림 :

가장 작은 삼각형의 한 변의 길이 : ☐ cm

2단계 구하려는 것 (1점)

☐ 색 선의 길이는 몇 ☐ 인지 구하려고 합니다.

3단계 문제 해결 방법 (2점)

빨간색 선의 길이는 ☐ cm가 몇 번인지 알아봅니다.

4단계 문제 풀이 과정 (3점)

빨간색 선의 길이는 1 cm가 ☐ 번입니다. 1 cm가 ☐ 번이면 ☐ cm입니다.

5단계 구하려는 답 (2점)

 **STEP 3** 스스로 풀어보기 유형❷

1. 자로 연필의 길이를 재었습니다. 연필의 길이는 몇 cm인지 풀이 과정을 쓰고, 답을 구하세요. (8점)

 풀이

연필의 한 쪽 끝이 자의 눈금 [ ] 에 맞추어져 있으므로 연필의 다른 쪽 끝이 가리키는 자

의 [ ] 을 읽으면 연필의 길이는 [ ] cm입니다.

답 _____

2. 다음 그림을 보고 곧은 선의 길이가 몇 cm인지 풀이 과정을 쓰고, 답을 구하세요. (10점)

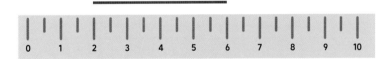

 풀이

답 _____

STEP 1 대표 문제 맛보기

수학 문제집의 긴 쪽의 길이를 수정이는 약 32 cm로 어림하였고, 병준이는 약 28 cm 로 어림하였습니다. 수학 문제집의 긴 쪽의 길이를 자로 재었더니 31 cm였다면 수정 이와 병준이 중에서 더 가깝게 어림한 사람은 누구인지 구하려고 합니다. 풀이 과정을 쓰고, 답을 구하세요. (8점)

1단계 알고 있는 것 (1점)

수정이가 어림한 길이 : 약 [ ] cm

병준이가 어림한 길이 : 약 [ ] cm

자로 잰 길이 : [ ] cm

2단계 구하려는 것 (1점)

수정이와 병준이 중에서 수학 문제집의 (긴 , 짧은) 쪽의 길이를 더 (가깝게 , 가깝지 않게) 어림한 사람을 구하려고 합니다.

3단계 문제 해결 방법 (2점)

실제 길이와 [ ] 한 길이의 차가 (클수록 , 작을수록) 더 가깝게 어림한 것입니다.

4단계 문제 풀이 과정 (3점)

실제 길이와 수정이가 어림한 길이의 차는

[ ] – 31 = [ ] (cm)이고,

실제 길이와 병준이가 어림한 길이의 차는

31 – [ ] = [ ] (cm)입니다.

5단계 구하려는 답 (1점)

따라서 수학책의 긴 쪽의 길이를 더 가깝게 어림한 사람은

[ ] 입니다.

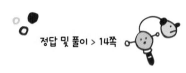

STEP 2 따라 풀어보기 ☆

다음 곧은 선의 길이를 세 사람이 어림해보았습니다. 자로 곧은 선의 길이를 직접 재어 보고 가장 가깝게 어림한 사람은 누구인지 구하려고 합니다. 풀이 과정을 쓰고, 답을 구하세요. (9점)

> **선미** 곧은 선의 길이는 약 6 cm야.
> **인섭** 나는 약 10 cm라고 어림했어.
> **준현** 너희 둘 다 아니야. 이 곧은 선은 약 5 cm야.

1단계 **알고 있는 것** (1점)

선미가 어림한 길이 : 약 ☐ cm

인섭이가 어림한 길이 : 약 ☐ cm

준현이가 어림한 길이 : 약 ☐ cm

2단계 **구하려는 것** (1점)

☐ 선의 길이를 가장 (가깝게 , 가깝지 않게) 어림한 사람은 누구인지 구하려고 합니다.

3단계 **문제 해결 방법** (2점)

☐ 선의 길이를 ☐ 로 재어 보고 자로 잰 길이와 세 사람이 ☐ 한 길이의 차를 각각 구하여 차가 (클수록 , 작을수록) 더 가깝게 ☐ 한 것입니다.

4단계 **문제 풀이 과정** (3점)

곧은 선의 길이를 자로 재어보면 ☐ cm입니다. 자로 잰 길이와 어림한 길이의 차는 선미가 ☐ − ☐ = ☐ (cm), 인섭이가 10 − ☐ = ☐ (cm), 준현이가 ☐ − 5 = ☐ (cm)로 길이의 차가 가장 작은 사람은 ☐ 입니다.

5단계 **구하려는 답** (2점)

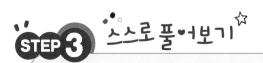

STEP 3 스스로 풀어보기

1. 자로 각 물건의 길이를 약 3 cm로 어림했을 때 가장 가깝지 않은 물건은 무엇인지 기호로 쓰려고 합니다. 직접 각 물건을 자로 재어 본 뒤 풀이 과정을 쓰고, 답을 구하세요. [10점]

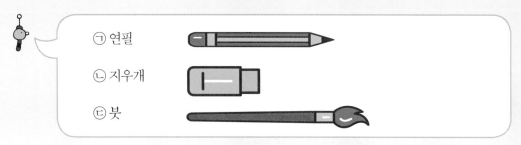

ㄱ 연필

ㄴ 지우개

ㄷ 붓

풀이

자로 각 물건의 길이를 재어 보면 ㄱ은 ☐ cm, ㄴ은 ☐ cm, ㄷ은 ☐ cm입니다.

자로 잰 길이와 어림한 3 cm와 차를 구하면 ㄱ은 ☐ − 3 = ☐ (cm), ㄴ은

3 − ☐ = ☐ (cm), ㄷ은 ☐ − 3 = ☐ (cm)이므로 차가 가장 큰 ☐ 이 3 cm에

가장 가깝지 않은 물건입니다.

답 _____

2. 지은이가 가지고 있는 바나나의 길이는 22 cm입니다. 다음은 물건들의 길이를 어림한 것입니다. 바나나의 길이와 가장 가깝지 않은 것은 무엇인지 풀이 과정을 쓰고, 답을 구하세요. [12점]

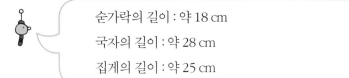

숟가락의 길이 : 약 18 cm

국자의 길이 : 약 28 cm

집게의 길이 : 약 25 cm

풀이

답 _____

스스로 문제를 풀어보며 실력을 높여보세요.

정답 및 풀이 > 15쪽

1

운동화의 길이는 분필로 3번입니다. 분필의 길이를 자로 재었을 때 8 cm라면 운동화의 길이는 몇 cm인지 풀이 과정을 쓰고, 답을 구하세요. (20점)

 풀이

힌트로 해결 끝!

분필의 길이로 3번이 운동화의 길이예요.

분필의 길이는 1 cm가 8번

답

2

주혜는 친구의 생일 선물로 줄 선물 상자를 포장하려고 합니다. 55 cm짜리 리본으로 상자를 포장했더니 남은 리본의 길이가 7 cm이었습니다. 사용한 끈의 길이가 자신의 뼘으로 4번인 길이라면 주혜의 한 뼘의 길이는 몇 cm인지 풀이 과정을 쓰고, 답을 구하세요. (20점)

 풀이

힌트로 해결 끝!

뼘으로 4번만큼의 길이는 한 뼘 길이를 4번 더한 것과 같아요.

(사용한 리본의 길이) =(처음 리본의 길이)−(남은 리본의 길이)

답

③

형준이는 엄마와 함께 침대를 사러 가구점에 갔습니다. 철제 침대의 폭은 90 cm이고 원목 침대의 폭은 105 cm입니다. 형준이가 필요한 침대의 폭을 형준이가 가진 연필로 재면 4번입니다. 형준이가 가진 연필의 길이가 25 cm일 때, 철제 침대와 원목 침대 중 형준이가 사야 할 침대의 폭에 더 가까운 것은 어느 것인지 풀이 과정을 쓰고, 답을 구하세요. (20점)

차가 작으면 더 가까운 수!

풀이

연필 길이로 4번
→ 25를 4번 더해요.

폭

답

---

④

용수철에 물건을 매달면 무거운 물건일수록 길이가 더 많이 늘어납니다.

길이가 같은 용수철 ㉮와 ㉯가 있습니다. 용수철 ㉮에는 귤 한 개를 매달고 용수철 ㉯에는 사과 한 개를 매달았더니 늘어난 용수철 길이는 용수철 ㉯가 용수철 ㉮의 2배였습니다. 사과를 매단 용수철 길이가 15 cm이고 처음 용수철 길이가 7 cm였다면 용수철 ㉮가 늘어난 길이는 몇 cm인지 구하려고 합니다. 풀이 과정을 쓰고, 답을 구하세요. (20점)

풀이

사과를 매달면 귤의 2배만큼 길이가 늘어나요.

답

5

생활수학

연필의 길이를 어림하여 나타낸 것을 단위의 길이로 하여 창문의 긴 쪽의 길이를 재면 5번입니다. 창문의 긴 쪽의 길이는 약 몇 cm인지 구하려고 합니다. 풀이 과정을 쓰고, 답을 구하세요. 20점

풀이

답

힌트로 해결 끝!

연필의 길이는 더 가까운 눈금을 읽어 어림해요.

연필의 길이를 어림하여 나타낸 창문의 길이도 실제 길이와 다른 어림한 길이예요.

6

창의융합

색연필의 길이를 자로 재었더니 12 cm이었습니다. 이 색연필의 길이가 못으로 3번이고 클립으로 4번이라면 못의 길이는 클립의 길이보다 몇 cm 더 긴지 풀이 과정을 쓰고, 답을 구하세요. 20점

풀이

답

힌트로 해결 끝!

못의 길이를 □라 하면
□+□+□=12

클립 길이를 ▲라 하면
▲+▲+▲+▲=12

다음은 주어진 길이와 조건을 활용해서 만든 문제를 보고 풀이 과정과 답을 구한 것입니다.
어떤 문제였을까요? 거꾸로 문제 만들기, 도전해 볼까요? 15점

> **길이** 3 cm, 5 cm
>
> **조건** 길이의 합을 구하는 문제 만들기

★힌트★
이어 붙인 길이는 1 cm가 모두 몇 번인지
생각해요

문제

풀이

3 cm는 1 cm가 3번이고, 5 cm는 1 cm가 5번입니다.

따라서 두 끈을 겹치는 부분 없이 이어 붙이면 1 cm가 8번이므로 이어 붙인 끈의

길이는 8 cm입니다.

답   8 cm

5. 분류하기

STEP 1 대표 문제 맛보기

여러 동물들을 기준을 정해 분류한 것입니다. 분류한 기준은 무엇인지 쓰고 '토끼'는
㉠과 ㉡ 중에서 어디로 분류해야 하는지 기호로 답하려고 합니다. 풀이 과정을 쓰고,
답을 구하세요. 8점

㉠	㉡

1단계 알고 있는 것 1점

㉠ : ☐ , 너구리, 사자, ☐

㉡ : 물고기, ☐ , 물개, 해파리

2단계 구하려는 것 1점

분류 기준이 무엇인지 쓰고 '토끼'는 ㉠과 ㉡ 중에서 어디로 분류해야

하는지 ☐ 로 답하려고 합니다.

3단계 문제 해결 방법 2점

㉠과 ㉡으로 분류한 동물들의 ☐ 을 살펴 분류 기준을 찾은 후,

☐ 와 같은 특징을 가지고 있는 기호를 씁니다.

4단계 문제 풀이 과정 3점

㉠은 ☐ 에 사는 동물이고, ㉡은 ☐ 에 사는 동물입니다.

토끼는 ☐ 에 사는 동물입니다.

5단계 구하려는 답 1점

따라서 분류 기준은 동물들이 살고 있는 곳이고, 토끼는 ☐ 에

사는 동물이므로 ☐ 으로 분류하여야 합니다.

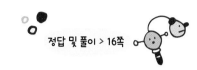

STEP 2 따라 풀어보기 ☆

여러 가지 도형을 한 가지 기준으로 분류하려고 합니다. 알맞은 분류 기준을 쓰고, 기준에 따라 분류하여 기호로 쓰세요. (9점)

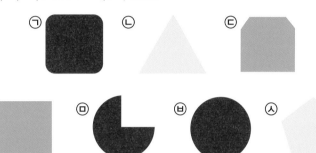

1단계 알고 있는 것 (1점)   주어진 ▢ : ㉠, ㉡, ㉢, ㉣, ㉤, ㉥, ㉦

2단계 구하려는 것 (1점)   한 가지 기준으로 분류할 때 분류 ▢을 쓰고 기준에 따라 분류하여 ▢로 쓰려고 합니다.

3단계 문제 해결 방법 (2점)   분명한 분류 ▢을 정해 도형을 분류합니다.

4단계 문제 풀이 과정 (3점)   여러 가지 도형은 빨간색, 노란색, 초록색의 3가지 ▢로 이루어져 있습니다. 도형을 ▢에 따라 분류합니다.

5단계 구하려는 답 (2점)   _____

_____

123 이것만 알면 문제 해결 OK!

🔖 **분류하기**

☆ 분류할 때는 분명한 기준을 정해 분류합니다.

➡ 예쁘다, 좋다, 아름답다 등은 분명한 기준이 될 수 없습니다.

➡ 색깔, 모양, 살고 있는 곳 등은 분명한 기준이 될 수 있습니다.

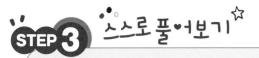 STEP 3 스스로 풀어보기

 유형①

1. 다음을 기준을 정해 분류하려고 합니다. 어떤 기준으로 분류하면 좋을지 분류 기준을 정하고, 왜 그렇게 생각하였는지 설명하세요. (10점)

 풀이

기준) ☐

설명) ☐ 은 모두 같고 서로 다른 2개의 색깔이 섞여 있으므로 ☐ 색과 파란색으로 분류할 수 있습니다. 따라서 분류 기준으로 알맞은 것은 ☐ 입니다.

2. 다음을 모양에 따라 분류 하였습니다. 또 다른 기준을 정해 분류하려고 합니다. 어떤 기준으로 분류하면 좋을지 분류 기준을 정하고, 왜 그렇게 생각하였는지 설명하세요. (15점)

 풀이

기준)

설명)

76

핵심유형2

☆ 분류하여 세어 보기

정답 및 풀이 > 17쪽

STEP 1 대표 문제 맛보기

다음 수들 중에서 짝수이면서 13보다 더 큰 수는 모두 몇 개인지 구하려고 합니다. 풀이 과정을 쓰고, 답을 구하세요. (8점)

 18, 10, 11, 8, 13, 14, 16

1단계 알고 있는 것 (1점) 주어진 수들을 알고 있습니다.

☐, 10, ☐, 8, 13, ☐, 16

2단계 구하려는 것 (1점) (짝수 , 홀수)이면서 ☐ 보다 더 큰 수는 모두 몇 개인지 구하려고 합니다.

3단계 문제 해결 방법 (2점) (짝수 , 홀수)를 먼저 찾고 그중 ☐ 보다 더 큰 수를 모두 고릅니다.

4단계 문제 풀이 과정 (3점) 짝수는 ☐, 10, ☐, 14, ☐ 이고, 이 중에서 13보다 더 큰 수는 ☐, 14, ☐ 입니다.

5단계 구하려는 답 (1점) 따라서 짝수이면서 ☐ 보다 더 큰 수는 모두 ☐ 개입니다.

STEP 2 따라 풀어보기 ☆

다음 도형들을 기준을 정해 분류하여 수를 세었습니다. 분류 기준을 보고 기준에 알맞은 도형의 수는 모두 몇 개인지 풀이 과정을 쓰고, 답을 구하세요. (9점)

기준 : 사각형이고 안에 ★모양이 있습니다.

㉠	㉡	㉢	㉣	㉤	㉥	㉦	㉧

1단계 알고 있는 것 (1점)

기준 : (사각형 , 삼각형)이고 안에 ☐ 모양이 있습니다.
주어진 도형과 그 안에 그려진 (모양, 숫자)(을)를 알고 있습니다.

2단계 구하려는 것 (1점)

(사각형 , 삼각형) 안에 ☐ 모양이 있는 것은 모두 몇 개인지 구하려고 합니다.

3단계 문제 해결 방법 (2점)

(사각형 , 삼각형)인 도형을 찾고, 그 안에 ☐ 모양이 있는 것을 고릅니다.

4단계 문제 풀이 과정 (3점)

(사각형 , 삼각형)인 것은 ☐ , ㉥, ☐ 이고 그 안에 ☐ 모양이 있는 것은 ☐ , ☐ 입니다.

5단계 구하려는 답 (2점)

📌 **분류하여 세어 보기**

❶ 분류 기준을 정합니다.

❷ 빠뜨리거나 중복하여 세지않도록 표시를 해 가며 세어 봅니다.

STEP 3 스스로 풀어보기 ☆

유형 ❷

1. 색 테이프를 색깔에 따라 분류하고 수를 세어 표
의 빈칸에 알맞은 수를 쓰려고 합니다. ㉠과 ㉡에
알맞은 수의 합을 구하는 풀이 과정을 쓰고, 답을
구하세요. (10점)

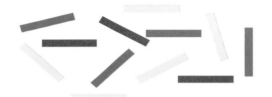

색깔	빨간색	노란색	초록색
개수(개)	㉠	5	㉡

 풀이

빨간색은 ☐ 개, 노란색은 5개, 초록색은 ☐ 개입니다. 그러므로 ㉠은 ☐ 이고, ㉡은

☐ 입니다. 따라서 ㉠과 ㉡에 알맞은 수의 합은 ㉠ + ㉡ = ☐ + ☐ = ☐ 입니다.

답 _____

2. 다음 도형을 모양에 따라 분류하고, 수를 세어 표
로 나타낸 것입니다. ㉠과 ㉡에 들어갈 수의 차를
구하는 풀이 과정을 쓰고, 답을 구하세요. (15점)

모양	○	♡	☆
개수(개)	㉠	㉡	9

 풀이

답 _____

STEP 1 대표 문제 맛보기

어느 빵 가게에서 이번 주에 요일별로 팔린 크림빵의 수를 조사하여 나타낸 것입니다. 다음 주에도 비슷하게 팔릴 것으로 예상할 때, 크림빵을 가장 많이 준비해야 하는 요일을 구하는 풀이 과정을 쓰고, 답을 구하세요. 8점

요일	월	화	수	목
빵의 수(개)	8	12	9	10

1단계 알고 있는 것 1점

요일별로 팔린 크림빵의 수를 조사하여 나타낸 것을 알고 있습니다.

요일	월	화	수	목
빵의 수(개)	☐	☐	☐	☐

2단계 구하려는 것 1점

크림빵을 가장 많이 준비해야 하는 ☐ 을 구하려고 합니다.

3단계 문제 해결 방법 2점

요일별 팔린 크림빵 수의 크기를 비교하여 가장 (큰 , 작은) 수를 찾습니다.

4단계 문제 풀이 과정 3점

요일별 팔린 크림빵의 수를 비교하면 ☐ > 10 > ☐ > 8입니다. 다음 주에도 비슷하게 팔릴 것으로 예상한다면, 크림빵이 가장 (많이 , 적게) 팔린 요일에 가장 많이 준비해야 합니다.

5단계 구하려는 답 1점

따라서 크림빵이 가장 많이 팔린 ☐ 요일에 가장 많이 준비하는 것이 좋습니다.

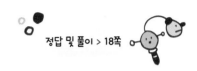

STEP 2 따라 풀어보기 ☆

수민이네 반 학생들이 좋아하는 간식을 조사한 것입니다. 학생들을 위해 간식을 준비한다면 어떤 간식을 준비하는 것이 좋을지 풀이 과정을 쓰고, 답을 구하세요. (9점)

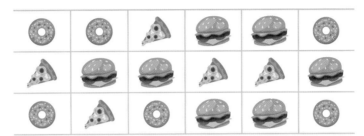

1단계 **알고 있는 것** (1점) 수민이네 반 학생들이 좋아하는 [ ]

2단계 **구하려는 것** (1점) 학생들을 위해 어떤 [ ]을 준비하는 것이 좋을지 구하려고 합니다.

3단계 **문제 해결 방법** (2점) 간식별 수를 세어 가장 많은 수의 [ ]을 찾습니다.

4단계 **문제 풀이 과정** (3점) 학생들이 좋아하는 간식은 도넛 [ ]명, 피자 [ ]명, 햄버거

[ ]명입니다. [ ] > 6 > [ ]이므로 햄버거를 좋아하는 학생이

[ ]명으로 가장 많습니다.

5단계 **구하려는 답** (2점)

📌 **분류한 결과 이야기하기**

이것만 알면 문제 해결 OK!

☆ 자료의 수 중에서 가장 많은 것, 가장 적은 것을 파악하여 다음에 일어날 일을 예상할 수 있음을 꼭 기억하세요!

STEP 3 스스로 풀어보기

1. 우리 반 친구들이 좋아하는 색깔을 조사한 것입니다. 운동회 때 우리 반 응원 깃발의 색을 정한다면 어떤 색깔로 하는 것이 좋을지 풀이 과정을 쓰고, 답을 구하세요. [10점]

풀이

좋아하는 색깔별 학생 수를 세어 나타내면 파란색 ☐ 명, 노란색 ☐ 명, 초록색 ☐

명, 빨간색 ☐ 명이므로 ☐ 색을 좋아하는 학생이 가장 많습니다. 따라서 우리 반

응원 깃발의 색은 가장 많은 학생들이 좋아하는 ☐ 색으로 하는 것이 좋을 것 같습니다.

답 _____

2. 학생들이 가고 싶은 곳을 조사하였습니다. 이번 체험 학습으로 어디를 가면 좋을지 풀이 과정을 쓰고, 답을 구하세요. [15점]

 : 수족관

 : 민속촌

: 박물관

: 동물원

풀이

답 _____

실력 다지기

스스로 문제를 풀어보며 실력을 높여보세요.

정답 및 풀이 > 18쪽

①

정현이가 과목별로 푼 문제의 수를 조사하여 나타낸 것입니다. 가장 많이 푼 과목의 문제 수와 같게 나머지 과목도 풀어야 한다면 어떤 과목을 몇 문제씩 더 풀어야 할지 풀이 과정을 쓰고, 답을 구하세요. (20점)

힌트로 해결 끝!

⚜️ 는 5문제를 나타내요.

국어 : ⚜️ ⚜️ ⚜️ ///   수학 : ⚜️ ⚜️   영어 : ⚜️ ⚜️ ⚜️

 풀이

답

②

다음은 애국가 1절의 가사입니다. 다음 빈칸에 알맞은 말을 쓰고 받침이 있는 글자와 없는 글자의 글자 수의 차는 몇 글자인지 구하려고 합니다. 풀이 과정을 쓰고, 답을 구하세요. (20점)

힌트로 해결 끝!

애국가 1절 가사의 첫 부분을 먼저 써 보세요.

[   ] 하느님이 보우하사 우리나라 만세
무궁화 삼천리 화려 강산 대한 사람 대한으로 길이 보전하세

풀이

답

⑤ 분류하기 • 83

3

힌트로 해결 끝!

반달 모양을 먼저 찾아요.

추석에 즐겨 먹는 음식인 송편은 멥쌀가루를 반죽하여 소를 넣고 반달이나 모시조개 모양으로 빚어서 찐 떡을 말합니다. 아래는 지난 추석에 지영이가 만든 송편 모양을 나타낸 것입니다. 반달 모양 중 흰색이 아닌 송편의 수는 몇 개인지 풀이 과정을 쓰고, 답을 구하세요. (20점)

반달 모양 중에서 흰색이 아닌 것을 찾아요.

 : 모시조개 모양   : 반달 모양

풀이

답

4

힌트로 해결 끝!

그림의 과일 수를 세어요.

과일 바구니 한 개를 만드는데 사과 3개, 딸기 5개, 수박 1개, 오렌지 4개가 필요합니다. 주어진 과일로 과일 바구니를 가능한 많이 만들고 남은 과일의 수는 모두 몇 개인지 풀이 과정을 쓰고, 답을 구하세요. (20점)

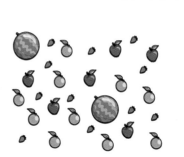

과일 바구니 한 개씩 늘려가며 남은 과일 수를 구해요.

풀이

답

84

5

다음과 같은 모양의 단추가 있습니다. 친구들의 대화를 읽고 잘못 설명한 사람을 찾아 이름을 쓰려고 합니다. 풀이 과정을 쓰고, 답을 구하세요. (25점)

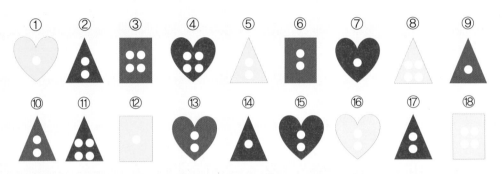

분류 기준
: 모양, 색깔, 구멍의 수

각 조건에 맞게
번호를 써 보세요.

진영 ♡모양이면서 구멍이 한 개인 단추는 △모양이면서 노란색인
단추와 개수가 같아.

형욱 빨간색이면서 ♡모양인 단추는 구멍이 4개이면서 파란색인
단추보다 3개 많아.

병준 구멍이 2개이면서 ☐모양인 단추는 노란색이면서 구멍이 한
개인 단추보다 1개 적어.

풀이

답

다음은 주어진 그림을 활용해서 만든 문제를 보고 풀이 과정과 답을 구한 것입니다. 어떤 문제였을까요? 거꾸로 문제 만들기, 도전해 볼까요? 15점

그림

★ 힌트 ★
가장 많은 과일의 개수를 구하는 문제를
만들어요

문제

풀이

과일의 수를 세어 보면 사과 6개, 딸기 7개, 바나나 5개이므로 가장 많은
과일은 딸기로 7개입니다.

답 __7개__

6. 곱셈

STEP 1 대표 문제 맛보기

성수가 가지고 있는 구슬은 8개입니다. 친구들과 게임을 하여 10개를 더 땄다면 성수가 가지고 있는 구슬은 3개씩 몇 묶음인지 구슬을 ○로 그려 답하려고 합니다. 풀이 과정을 쓰고, 답을 구하세요. (8점)

1단계 알고 있는 것 (1점) 성수가 가지고 있는 구슬 ☐ 개, 더 딴 구슬 ☐ 개

2단계 구하려는 것 (1점) 성수가 가지고 있는 구슬을 ☐ 개씩 묶으면 몇 묶음이 되는지 구하려고 합니다.

3단계 문제 해결 방법 (2점) 성수가 가진 구슬의 수만큼 ○를 그려서 ☐ 개씩 묶어 봅니다.

4단계 문제 풀이 과정 (3점) 성수가 가지고 있는 구슬의 수는 ☐ 개이고 ○를 그려 ☐ 개씩 묶으면 다음과 같습니다. (나머지 ○도 3개씩 묶어보세요.)

○○○ ○○○ ○ ○ ○ ○
○○○ ○○○ ○ ○ ○ ○

5단계 구하려는 답 (1점) 따라서 구슬을 3개씩 묶으면 ☐ 묶음입니다.

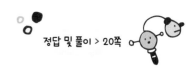

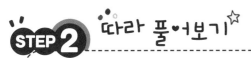

STEP 2 따라 풀어보기 ☆

인형을 2개씩 묶어 세었더니 모두 6묶음이었습니다. 인형의 수를 ○로 나타내고 인형의
수는 모두 몇 개인지 풀이 과정을 쓰고, 답을 구하세요. (9점)

1단계 **알고 있는 것** (1점)   인형을 2개씩 묶어 세었더니 모두 ☐ 묶음이었습니다.

2단계 **구하려는 것** (1점)   ☐ 의 수를 구하려고 합니다.

3단계 **문제 해결 방법** (2점)   인형의 수를 ○로 나타내고 2개씩 묶어 ☐ 묶음이 되도록 합니다.

4단계 **문제 풀이 과정** (3점)   인형의 수를 ○를 그려 2개씩 ☐ 묶음을 그리면 다음과 같습니다.
(나머지 ○도 2개씩 묶어보세요.)

○○ ○ ○ ○ ○
○○ ○ ○ ○ ○

5단계 **구하려는 답** (2점)

📌 **여러 가지 방법으로 세어 보기**

이것만 알면
문제 해결 OK!

☆ 하나씩 세어 보기   ☆ 묶어서 세어 보기
➜ 1 - 2 - 3 - 4 - 5 - 6   ➜ 2개씩 3묶음

☆ 뛰어서 세어 보기
➜ 2씩 뛰어서 세기 : 2, 4, 6
➜ 3씩 뛰어서 세기 : 3, 6

STEP 3 스스로 풀어보기 ☆

유형 ①

1. 새의 수를 바르게 설명한 사람은 누구인지 구하는 풀이 과정을 쓰고, 답을 구하세요. (10점)

> **선영** 2씩 뛰어서 세면 2, 4, 6, 8, 10이니까 10마리야.
> **지수** 5씩 뛰어서 세면 5, 10, 15니까 15마리지.

풀이

새를 2씩 뛰어서 세면, 2씩 ☐번 뛰어서 세기를 하여 ☐, 4, ☐, ☐, 10이므로

☐ 마리입니다. 5씩 뛰어서 세면, 5씩 ☐번 뛰어서 세기를 하여 5, ☐으로

☐ 마리입니다. 따라서 바르게 설명한 사람은 ☐ 입니다.

답 _____

2. 물고기의 수를 잘못 설명한 사람은 누구인지 풀이 과정을 쓰고, 답을 구하세요. (15점)

> **지혁** 3씩 뛰어서 세면 3, 6, 9, 12니까 12마리야.
> **우빈** 나는 4씩 뛰어서 셌어. 4, 8, 12니까 12마리야.
> **하늘** 나는 6씩 뛰어서 세니까 6, 12, 18이라 18마리라
> 고 생각했는데….

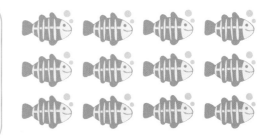

풀이

답 _____

STEP 1　대표 문제 맛보기

주연이는 종이학을 6마리 접었습니다. 그중에서 4마리를 영진이에게 주었더니 영진이의 종이학의 수는 12마리가 되었습니다. 영진이가 가진 종이학의 수는 주연이가 가진 종이학의 수의 몇 배인지 풀이 과정을 쓰고, 답을 구하세요. (8점)

1단계 알고 있는 것 (1점)

주연이가 접은 종이학의 수 : ☐마리

주연이가 영진이에게 준 종이학의 수 : ☐마리

영진이가 가진 종이학의 수 : ☐마리

2단계 구하려는 것 (1점)

영진이가 가진 종이학의 수는 주연이가 가진 종이학의 수의

몇 ☐ 인지 구하려고 합니다.

3단계 문제 해결 방법 (2점)

주연이에게 남은 종이학의 수를 구하여 이 수의 몇 배가 ☐인지

알아봅니다.

4단계 문제 풀이 과정 (3점)

(주연이에게 남은 종이학의 수) = ☐ − ☐ = ☐ (마리)

주연이에게 남은 종이학은 2씩 ☐ 묶음이고 영진이가 가진 종이학

의 수 12마리는 2씩 ☐ 묶음이므로 12는 2의 ☐ 배입니다.

5단계 구하려는 답 (1점)

따라서 영진이가 가진 종이학의 수는 주연이가 가진 종이학의 수의

☐ 배입니다.

길이가 3 cm인 색 테이프 몇 장을 겹치는 부분 없이 이어 붙였더니 12 cm가 되었습니다. 색 테이프 몇 장을 이어 붙인 것인지 몇의 몇 배를 이용하여 구하려고 합니다. 풀이 과정을 쓰고, 답을 구하세요. (9점)

1단계 알고 있는 것 (1점)

길이가 [ ] cm인 색 테이프 몇 장을 겹치는 부분 없이

이어 붙였더니 [ ] cm가 되었습니다.

2단계 구하려는 것 (1점)

색 [ ] 몇 장을 이어 붙인 것인지 구하려고 합니다.

3단계 문제 해결 방법 (2점)

3의 몇 배가 [ ] 인지 알아봅니다.

4단계 문제 풀이 과정 (3점)

3은 3씩 [ ] 묶음이고 12는 3씩 [ ] 묶음이므로 12는 3의

[ ] 배입니다.

5단계 구하려는 답 (2점)

 STEP 3 스스로 풀어보기

1. 2씩 묶어 8묶음인 사과와 3씩 묶어 7묶음인 귤이 있습니다. 어느 것이 몇 개 더 많은지 덧셈식으로 설명하고, 답을 구하세요. (10점)

 풀이

2씩 8묶음은 ☐ +2+2+ ☐ +2+ ☐ +2+ ☐ = ☐ 이고,

3씩 7묶음은 ☐ +3+ ☐ + ☐ +3+ ☐ + ☐ = ☐ 입니다.

사과는 ☐ 개, 귤은 ☐ 개이므로 귤이 사과보다 ☐ - ☐ = ☐ (개) 더 많습니다.

답 _____

2. 빨간 구슬은 9개씩 4묶음이고, 파란 구슬은 7개씩 5묶음입니다. 어느 것이 몇 개 더 많은지 덧셈식으로 설명하고 답을 구하세요. (15점)

 풀이

답 _____

☆ 곱셈식 나타내기

STEP 1 대표 문제 맛보기

덧셈식을 곱셈식으로, 곱셈식을 덧셈식으로 나타낸 것입니다. ㉠, ㉡에 들어갈 수 중에서 더 큰 수는 무엇인지 기호로 나타내려고 합니다. 풀이 과정을 쓰고, 답을 구하세요. (8점)

$$4+4+4+4+4=20 \quad \Rightarrow \quad 4 \times ㉠ = 20$$
$$㉡ \times 4 = 24 \quad \Rightarrow \quad 6+6+6+6=24$$

1단계 알고 있는 것 (1점)

☐ + 4 + 4 + 4 + 4 = 20 ➡ 4 × ㉠ = ☐

㉡ × ☐ = 24 ➡ 6 + 6 + 6 + ☐ = 24

2단계 구하려는 것 (1점)

㉠, ㉡에 들어갈 수 중에서 더 (큰 , 작은) 수의 기호를 구하려고 합니다.

3단계 문제 해결 방법 (2점)

4를 5번 더한 것은 4 × ☐ , ㉡×4는 ㉡을 ☐ 번 더한 것입니다.

4단계 문제 풀이 과정 (3점)

4를 5번 더한 것은 4 × ☐ 이므로

4 + 4 + 4 + 4 + 4 = 20 ➡ 4 × ㉠ = 20에서 ㉠ = ☐ 입니다.

㉡×4는 ㉡을 ☐ 번 더한 것이므로

㉡ × 4 = 24 ➡ ㉡ + ㉡ + ㉡ + ㉡ = 6 + 6 + 6 + 6 = 24에서

㉡ = ☐ 입니다. ☐ > ☐ 입니다.

5단계 구하려는 답 (1점)

따라서 ㉠, ㉡에 들어갈 수 중에서 더 큰 수는 ☐ 입니다.

STEP 2 따라 풀어보기 ☆

다음 중 계산 결과가 가장 큰 것은 무엇인지 기호를 쓰려고 합니다. 각각의 결과를 곱셈식으로 구하는 풀이 과정을 쓰고, 답을 구하세요. [9점]

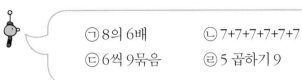

ㄱ 8의 6배   ㄴ 7+7+7+7+7+7

ㄷ 6씩 9묶음   ㄹ 5 곱하기 9

1단계 알고 있는 것 [1점]

ㄱ [ ]의 6배   ㄴ 7 + 7 + 7 + 7 + 7 + [ ]

ㄷ 6씩 [ ]묶음   ㄹ [ ] 곱하기 9

2단계 구하려는 것 [1점]

계산 결과가 가장 (큰 , 작은) 것을 기호로 쓰려고 합니다.

3단계 문제 해결 방법 [2점]

'○의 △배', '○를 △번 더한 것', '○씩 △묶음', '○ 곱하기 △'

➡ ○ (+ , − , ×) △입니다.

4단계 문제 풀이 과정 [3점]

ㄱ [ ]의 6배 ➡ [ ] ×6 = [ ]

ㄴ 7 + 7 + 7 + [ ] + 7 + [ ] ➡ 7 × [ ] = [ ]

ㄷ 6씩 [ ]묶음 ➡ 6 × [ ] = [ ]

ㄹ [ ] 곱하기 9 ➡ [ ] ×9 = [ ] 이므로 계산 결과를

비교하면 [ ] > [ ] > [ ] > [ ] 입니다.

5단계 구하려는 답 [2점]

_____

STEP 3 스스로 풀어보기 ☆

1. 소영이가 가지고 있는 머리핀을 3개씩 묶었더니 8묶음이었습니다. 동생에게 머리핀 4개를 주면 소영이에게 남는 머리핀은 몇 개인지 곱셈식을 이용하여 구하려고 합니다. 풀이 과정을 쓰고, 답을 구하세요. (8점)

풀이

3개씩 ☐ 묶음을 곱셈식으로 나타내면 3× ☐ = ☐ 입니다.

소영이가 가지고 있는 머리핀은 ☐ 개이고, 동생에게 ☐ 개를 주면 남는 머리핀은

24 − ☐ = ☐ (개)입니다.

답 _____

2. 혁준이가 딱지를 4장씩 5묶음을 가지고 있습니다. 이 중 3장을 친구에게 주었다면 혁준이가 가지고 있는 딱지는 모두 몇 장인지 곱셈식을 이용하여 구하려고 합니다. 풀이 과정을 쓰고, 답을 구하세요. (10점)

풀이

답 _____

1 유형 ❶+❷

힌트로 해결 끝!
2씩 9번 뛰어서 세기를 해요.

성주가 가진 칭찬붙임 딱지 수를 2씩 뛰어서 세었더니 9번 뛰어서 셀 수 있었습니다. 민혁이가 가진 칭찬붙임 딱지가 3장이라면 성주가 가진 칭찬붙임 딱지는 민혁이가 가진 칭찬붙임 딱지의 몇 배인지 풀이 과정을 쓰고, 답을 구하세요. (20점)

3의 6배는 18이에요.

풀이

답

2 유형 ❷+❸

힌트로 해결 끝!
3개씩 2묶음
→ 3×2
2개씩 4묶음
→ 2×4

식탁에 놓여 있는 컵의 수는 3개씩 2묶음보다 1개가 더 많고, 숟가락의 수는 2개씩 4묶음보다 1개가 더 적습니다. 곱셈식을 이용하여 컵의 수와 숟가락의 수의 합을 구하려고 합니다. 풀이 과정을 쓰고, 답을 구하세요. (20점)

풀이

답

3

힌트로 해결 끝!

도형의 변의 수

삼각형 : 3개

사각형 : 4개

오각형 : 5개

육각형 : 6개

여러 가지 도형들이 있습니다. 이 도형들의 변의 수는 모두 몇 개인지 곱셈식을 이용하여 구하려고 합니다. 풀이 과정을 쓰고, 답을 구하세요. (20점)

풀이

답

4

 힌트로 해결 끝!

펼쳐진 손가락의 수

가위 : 2개

바위 : 0개

보 : 5개

주혁이네 모둠과 민정이네 모둠이 게임을 하였습니다. 가위, 바위, 보를 하여 펼쳐진 손가락의 개수가 더 많은 쪽이 이기는 게임입니다. 주혁이네 모둠 4명은 가위를 낸 사람이 2명이고 보를 낸 사람이 2명입니다. 민정이네 모둠은 3명이 모두 보를 냈습니다. 누구의 모둠이 게임에서 이겼는지 풀이 과정을 쓰고, 답을 구하세요. (20점)

풀이

답

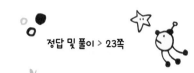

5

생활수학

성준이와 친구들이 퀴즈를 푼 결과를 나타낸 표입니다. 맞힌 문제는 한 문제당 5점으로 계산하고, 틀린 문제는 한 문제당 1점으로 계산하기로 하였습니다. 점수가 가장 높은 사람과 점수가 가장 낮은 사람의 점수의 차는 몇 점인지 풀이 과정을 쓰고, 답을 구하세요. (20점)

	성준	민수	지영	선주
맞힌 문제 수(개)	5	4	6	3
틀린 문제 수(개)	5	6	4	7

풀이

힌트로 해결 끝!

맞히면 5점, 틀리면 1점!

(맞힌 문제 점수)
= 5 × (맞힌 문항 수)

(틀린 문제 점수)
= 1 × (틀린 문항 수)

답

6

창의융합

옷핀 8개를 겹치지 않게 이어 놓았더니 24 cm가 되었습니다. 이 옷핀을 한 사람이 9개씩 이용하여 이어 놓기를 한다면 세 명이 이용한 옷핀은 모두 몇 cm인지 풀이 과정을 쓰고, 답을 구하세요. (20점)

풀이

힌트로 해결 끝!

옷핀 한 개의 길이를 구해요.

옷핀 9개의 길이를 구해요.

옷핀 9개 길이를 세 번 더해요

답

거꾸로 풀며 나만의 문제를 완성해 보세요.

정답 및 풀이 > 23쪽

다음은 주어진 그림과 조건을 활용해서 만든 문제를 보고 풀이 과정과 답을 구한 것입니다.
어떤 문제였을까요? 거꾸로 문제 만들기, 도전해 볼까요? (10점)

그림

조건 3씩 뛰어서 세기 문제 만들기

★힌트★
3씩 뛰어서 세기 문제 만들기

문제

풀이

사자를 3마리씩 뛰어서 세면 5번 뛰어 셀 수 있고,

3, 6, 9, 12, 15이므로 사자는 모두 15마리입니다.

답 15마리

MEMO

MEMO

MEMO

MEMO

초등
수학

한 권으로
서술형
끝

3

초등수학
2-1 과정

넥서스에듀

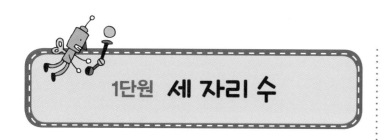

1단원 세 자리 수

핵심유형 1 몇백 알아보기

STEP 1 .... P. 12

1단계 5

2단계 저금통

3단계 몇백

4단계 5, 500 / 500

5단계 500

STEP 2 .... P. 13

1단계 7

2단계 수 모형

3단계 몇백

4단계 7, 700

5단계 따라서 수 모형이 나타내는 수는 700입니다.

STEP 3 .... P. 14

❶

풀이 100, 700 / 700, 700

답 700원

오답 제로를 위한		**채점 기준표**	
	세부 내용		점수
풀이 과정	① 10이 10개인 수는 100이라고 한 경우		3
	② 10원짜리 70개는 700원이라고 한 경우		3
	③ 정우가 가지고 있는 돈을 700원으로 정리한 경우		3
답	700원이라고 쓴 경우		1
총점			10

❷

풀이 100의 개수에 따라 몇백으로 나타냅니다. 100이 8개이면 800이고, 100이 7개이면 700이므로 하진이와 동하는 바르게 말하였습니다. 10이 6개이면 60이므로 잘못 말한 사람은 선진입니다.

답 선진

오답 제로를 위한		**채점 기준표**	
	세부 내용		점수
풀이 과정	① 하진이와 동하가 말한 것이 바르다고 한 경우		5
	② 10이 6개인 수는 60이라고 한 경우		5
	③ 선진이가 잘못 말했음을 나타낸 경우		3
답	선진이라고 쓴 경우		2
총점			15

핵심유형 2 세 자리 수의 각 자리 숫자가 나타내는 값

STEP 1 .... P. 15

1단계 6, 2, 0

2단계 세

3단계 일, 십

4단계 6 / 2, 4 / 0

5단계 406

STEP 2 .... P. 16

1단계 60, 3, 1

2단계 세

3단계 십, 일

4단계 60, 6 / 6 / 3, 3 / 4

5단계 따라서 세 친구가 말하는 세 자리 수는 364입니다.

STEP 3 .... P. 17

❶

풀이 230 / 6, 3, 4, 634 / 3

답 3

	세부 내용	점수
풀이 과정	① 10이 23개인 수는 230임을 나타낸 경우	3
	② 100이 6개, 10이 3개, 1이 4개인 수와 같음을 나타낸 경우	3
	③ 이 수는 634라고 쓴 경우	2
	④ 십의 자리 숫자를 3이라고 한 경우	1
답	3이라고 쓴 경우	1
	총점	10

❷

풀이 10이 15개인 수는 150으로 100이 1개, 10이 5개인 수와 같고, 1이 24개인 수는 24로 10이 2개, 1이 4개인 수와 같습니다. 이 수는 100이 4개, 10이 7개, 1이 4개인 수와 같으므로 474입니다. 따라서 이 수의 십의 자리 숫자는 7입니다.

답 7

	세부 내용	점수
풀이 과정	① 10이 15개인 수는 100이 1개, 10이 5개인 수와 같다고 한 경우	3
	② 1이 24개인 수는 10이 2개, 1이 4개인 수와 같다고 한 경우	3
	③ 이 수는 100이 4개, 10이 7개, 1이 4개인 수와 같다고 한 경우	3
	④ 이 수는 474라고 쓴 경우	2
	⑤ 십의 자리 숫자를 7이라고 한 경우	2
답	7이라고 쓴 경우	2
	총점	15

 **핵심유형 3** 뛰어서 세기

STEP 1 .... P. 18

1단계 337, 737

2단계 뛰어서

3단계 커지는지

4단계 백, 100 / 637

5단계 637

STEP 2 .... P. 19

1단계 880, 10

2단계 ▨

3단계 1

4단계 10 / 890, 900 / 920, 930

5단계 따라서 ▨에 알맞은 수는 920입니다.

STEP 3 .... P. 20

❶

풀이 100 / 573, 473, 373 / 373, 383 / 393, 403, 413 / 413

답 413

	세부 내용	점수
풀이 과정	① 어떤 수를 673에서 100씩 3번 거꾸로 뛰어 373으로 나타낸 경우	5
	② ●은 어떤 수에서 10씩 4번 뛰어서 센 수로 413이라고 나타낸 경우	4
답	413이라고 쓴 경우	1
	총점	10

❷

풀이 100이 4개인 수는 400입니다. 400에서 60씩 6번 뛰어서 세면 400-460-520-580-640-700-760입니다. 따라서 100이 4개인 수에서 60씩 6번 뛰어서 센 수를 쓰면 760이고 칠백육십이라고 읽습니다.

답 쓰기 : 760, 읽기 : 칠백육십

	세부 내용	점수
풀이 과정	① 100이 4개인 수는 400이라고 한 경우	2
	② 400에서 60씩 6번 뛰어서 센 수가 760이라고 한 경우	7
	③ 칠백육십이라고 읽은 경우	2
답	쓰기: 760, 읽기: 칠백육십이라고 모두 쓴 경우	4
	총점	15

 제시된 풀이는 **모범답안**이므로 **채점 기준표**를 참고하여 채점하세요.

 **크기 비교**

P. 21

STEP 1

1단계 4, 2

2단계 큰

3단계 큰

4단계 2, 6, 6 / 642

5단계 642

STEP 2

P. 22

1단계 308, 303

2단계 귤

3단계 308, 큰

4단계 308, 3 / 0, 일 / >, >

5단계 따라서 동석이네 가족이 귤을 더 많이 땄습니다.

STEP 3

P. 23

❶

풀이 6, 8 / 5, 작은 / 0, 1, 2, 3, 4

답 0, 1, 2, 3, 4

	세부 내용	점수
풀이 과정	① □ 안에 들어갈 수는 5보다 작아야 함을 표현한 경우	5
	② □ 안에 들어갈 수 있는 숫자가 0, 1, 2, 3, 4라고 쓴 경우	4
답	0, 1, 2, 3, 4라고 쓴 경우	1
	총점	10

오답 제로를 위한 **채점 기준표**

❷

풀이 586 < □37에서 십의 자리를 비교하면 8 > 3이므로 □ 안에는 5보다 더 큰 숫자가 들어가야 합니다. 따라서 □ 안에 들어갈 수 있는 숫자는 6, 7, 8, 9입니다.

답 6, 7, 8, 9

오답 제로를 위한 **채점 기준표**

	세부 내용	점수
풀이 과정	① □ 안에 들어갈 수는 5보다 커야 함을 포현한 경우	7
	② □ 안에 들어갈 수 있는 숫자가 6, 7, 8, 9라고 쓴 경우	6
답	6, 7, 8, 9라고 쓴 경우	2
	총점	15

 **실력 다지기**

P. 24

❶

풀이 백의 자리 숫자가 클수록 큰 수입니다. 739 > 653 > 285이므로 줄넘기를 가장 많이 넘은 사람은 하진입니다. 739에서 십의 자리 숫자는 3으로 30을 나타내고, 653에서 십의 자리 숫자는 5로 50을 나타내며 285에서 십의 자리 숫자는 8로 80을 나타내므로 30 < 50 < 80입니다. 따라서 넘은 수 중 십의 자리 숫자가 나타내는 수가 가장 큰 사람은 주훈입니다.

답 하진, 주훈

오답 제로를 위한 **채점 기준표**

	세부 내용	점수
풀이 과정	① 739>653>285로 비교하여 가장 많이 넘은 사람은 하진이라고 쓴 경우	5
	② 739에서 십의 자리 숫자는 3이고 30으로 나타낸 경우	3
	③ 653에서 십의 자리 숫자는 5이고 50으로 나타낸 경우	3
	④ 285에서 십의 자리 숫자는 8이고 80으로 나타낸 경우	3
	⑤ 넘은 수 중 십의 자리 숫자가 나타내는 수가 가장 큰 사람은 주훈이라고 쓴 경우	3
답	하진, 주훈이라고 모두 쓴 경우	3
	총점	20

❷

풀이 수의 크기를 비교하면 0 < 2 < 4 < 7이므로 가장 작은 수부터 3장을 골라 0, 2, 4로 세 자리 수를 만듭니다. 십의 자리 숫자가 2이고 백의 자리에는 0이 올 수 없으므로 0, 2, 4로 만들 수 있는 십의 자리 숫자가 2인 가장 작은 수는 420입니다.

답 420

오답 제로를 위한 **채점 기준표**		
	세부 내용	점수
풀이 과정	① 숫자 카드의 수의 크기를 비교한 경우	3
	② 백의 자리에 올 수 있는 가장 작은 수를 만들 때 0은 올 수 없으므로 4를 놓은 경우	7
	③ 0을 일의 자리 숫자에 놓은 경우	5
	④ 십의 자리 숫자가 2인 가장 작은 세 자리 수를 420으로 나타낸 경우	3
답	420이라고 쓴 경우	2
	총점	20

❸

풀이 5개월 전의 비밀번호가 147이므로 이번 달 비밀번호는 147에서 80씩 5번 뛰어서 센 수입니다. 147부터 80씩 5번 뛰어서 세면 147-227-307-387-467-547입니다. 따라서 이번 달 비밀번호는 547입니다.

답 547

오답 제로를 위한 **채점 기준표**		
	세부 내용	점수
풀이 과정	① 비밀번호는 147에서 80씩 5번 뛰어서 센 수임을 나타낸 경우	6
	② 147에서 80씩 5번 뛰어서 세기를 한 경우 147-227-307-387-467-547	9
	③ 이번 달 비밀번호는 547이라고 쓴 경우	3
답	547이라고 쓴 경우	2
	총점	20

❹

풀이 번호표의 수는 나중에 뽑을수록 수가 커집니다. 그러므로 번호표의 수를 비교했을 때 수가 클수록 더 나중에 온 사람입니다. 123>119이므로 더 나중에 온 사람은 기범이입니다.

답 기범

오답 제로를 위한 **채점 기준표**		
	세부 내용	점수
풀이 과정	① 번호표의 수는 나중에 뽑을수록 수가 커진다고 한 경우	7
	② 123>119임을 표현한 경우	7
	③ 더 나중에 온 사람이 기범이라고 한 경우	4
답	기범이라고 쓴 경우	2
	총점	20

P. 26

문제 주연이는 다음과 같이 말했습니다. 주연이가 말한 수는 무엇인지 풀이 과정을 쓰고 답을 구하세요.

"난 372에서 출발해서 50씩 5번 뛰어서 세었어."

오답 제로를 위한 **채점 기준표**		
	세부 내용	점수
문제	① 372부터 50씩 뛰어서 세기 문제를 만든 경우	8
	② 372부터 50씩 뛰어서 센 값을 구하는 질문을 만든 경우	7
	총점	15

 제시된 풀이는 **모범답안**이므로 **채점 기준표**를 참고하여 채점하세요.

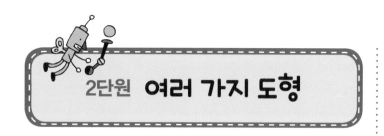

2단원 여러 가지 도형

 원

❶

풀이 곧은, 뾰족한 / 원

답 원

	오답 제로를 위한 **채점 기준표**	
	세부 내용	점수
풀이 과정	① 곧은 선이 없고 뾰족한 부분도 없음을 나타낸 경우	4
	② 어느 쪽에서 보아도 똑같이 동그란 모양임을 나타낸 경우	4
답	원이라고 쓴 경우	2
총점		10

❷

풀이 원은 뾰족한 부분도 없고 곧은 선도 없습니다. 또한 어느 쪽에서 보아도 동그란 모양입니다. 따라서 잘못 말한 사람은 소영입니다.

답 소영

	오답 제로를 위한 **채점 기준표**	
	세부 내용	점수
풀이 과정	① 뾰족한 부분도 없고 곧은 선도 없음을 나타낸 경우	4
	② 어느 쪽에서 보아도 동그란 모양임을 나타낸 경우	4
답	소영이라고 쓴 경우	2
총점		10

핵심유형 2 삼각형, 사각형

❶

풀이 3, 2 / 1 / 3, 2, 1, 6

답 6개

	오답 제로를 위한 **채점 기준표**	
	세부 내용	점수
풀이 과정	① 삼각형 1개로 이루어진 삼각형이 3개라고 쓴 경우	2
	② 삼각형 2개로 이루어진 삼각형이 2개라고 쓴 경우	3
	③ 삼각형 3개로 이루어진 삼각형이 1개라고 쓴 경우	2
	④ 크고 작은 삼각형은 모두 6개임을 나타낸 경우	2
답	6개라고 쓴 경우	1
총점		10

②

풀이 도형 1개짜리 삼각형은 ①과 ③으로 2개, 도형 2개짜리 삼각형 ①+④, ②+③으로 2개이므로 크고 작은 삼각형은 모두 2+2=4(개)입니다.

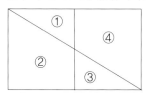

답 4개

채점 기준표

	세부 내용	점수
풀이 과정	① 도형 1개짜리 삼각형 2개라고 쓴 경우	5
	② 도형 2개짜리 삼각형 2개라고 쓴 경우	5
	③ 크고 작은 삼각형은 모두 4개라고 쓴 경우	3
답	4개라고 쓴 경우	2
	총점	15

 **핵심유형③** 오각형, 육각형

STEP ① .... P. 34

1단계 5, 5

2단계 도형, 기호

3단계 5, 5, 오각형 / 오각형

4단계 오각형 / 6 / 4, 8 / 오각형, (가), (라), (바)

5단계 오각형 / 오각형, (가), (라), (바)

STEP ② .... P. 35

1단계 육각형

2단계 꼭짓점, 합

3단계 변, 더합니다

4단계 6, 6 / 6, 6 / 12

5단계 따라서 육각형의 변과 꼭짓점 수의 합은 12개입니다.

STEP ③ .... P. 36

①

풀이 오각형, 5, 육각형, 6 / 6, 5, 1

답 1개

채점 기준표

	세부 내용	점수
풀이 과정	① ㉠은 오각형이고 변의 수가 5개라고 쓴 경우	4
	② ㉡은 육각형이고 변의 수가 6개라고 쓴 경우	4
	③ 두 도형의 변의 수의 차를 1개라고 쓴 경우	1
답	1개라고 쓴 경우	1
	총점	10

②

풀이 오각형은 변이 5개, 꼭짓점이 5개이고, 오각형의 변의 수와 꼭짓점 수의 차는 5-5=0(개)이므로 연서는 바르게 말하였습니다. 삼각형의 변의 수와 꼭짓점의 수는 각각 3개이므로 변의 수와 꼭짓점 수의 합은 3+3=6(개)입니다. 육각형의 변의 수는 6개이므로 삼각형의 변과 꼭짓점 수의 합과 같습니다. 따라서 잘못 말한 사람은 대훈입니다.

답 대훈

채점 기준표

	세부 내용	점수
풀이 과정	① 오각형은 변 5개, 꼭짓점 5개이므로 개수의 차를 5-5 =0(개)이고, 연서는 바르게 말하였다고 한 경우	6
	② 삼각형의 변은 3개, 꼭짓점 3개이므로 변의 수와 꼭짓점 수의 합이 3+3=6(개)이라서 삼각형의 변과 꼭짓점의 수의 합이 육각형의 변의 수 6개와 같다고 한 경우	6
	③ 대훈이가 잘못 말하였다고 정리한 경우	2
답	대훈이라고 쓴 경우	1
	총점	15

 **핵심유형④** 똑같이 쌓기, 여러 가지 모양으로 쌓기

STEP ① .... P. 37

1단계 2, 나란히 / 1

2단계 모양

3단계 나란히, 1

4단계 ㉠, ㉡ / 1, ㉡

5단계 ㉡

 제시된 풀이는 **모범답안**이므로 채점 기준표를 참고하여 채점하세요.

STEP 2

1단계) 3, 나란히 / 2, 왼쪽, 2

2단계) 틀린

3단계) 3, 나란히 / 2

4단계) 3 / 오른쪽, 1 / 왼쪽, 2

5단계) 따라서 쌓은 모양에 대한 설명이 틀린 사람은 현영입니다.

STEP 3

1

풀이   4, 5, 1 / 4, 5, 6, 5 / ㉢

답   ㉢

오답 제로를 위한 **채점 기준표**

	세부 내용	점수
풀이 과정	① ㉠은 5개, ㉡은 4개, ㉢은 6개, ㉣은 5개로 만들었다고 나타낸 경우	8
	② 사용한 쌓기나무의 개수가 가장 많은 것을 ㉢으로 나타낸 경우	1
답	㉢이라고 쓴 경우	1
	총점	10

2

풀이   ㉠은 1층에 4개, 2층에 1개로 모두 5개, ㉡은 1층에 3개, 2층에 1개로 모두 4개, ㉢은 1층에 6개, 2층에 2개, 3층에 1개로 모두 9개, ㉣은 1층에 5개, 2층에 1개로 모두 6개입니다. 사용한 쌓기나무의 수가 가장 많은 것은 ㉢으로 9개이고, 가장 적은 것은 ㉡으로 4개입니다. 따라서 쌓기나무의 개수가 가장 많은 것과 가장 적은 것의 쌓기나무의 개수의 차는 9-4=5(개)입니다.

답   5개

오답 제로를 위한 **채점 기준표**

	세부 내용	점수
풀이 과정	① ㉠은 5개, ㉡은 4개, ㉢은 9개, ㉣은 5개로 만들었다고 나타낸 경우	5
	② 사용한 쌓기나무 수가 가장 많은 것은 ㉢으로 9개, 사용한 쌓기나무 수가 가장 적은 것은 ㉡으로 4개라고 한 경우	5
	③ 개수의 차를 9-4=5(개)라고 한 경우	3
답	5개라고 쓴 경우	2
	총점	15

실력 다지기

1

풀이   원의 꼭짓점은 0개, 삼각형의 꼭짓점은 3개, 육각형의 꼭짓점은 6개이므로 0+3+6=9(개)입니다. 따라서 세 도형의 꼭짓점은 모두 9개입니다.

답   9개

오답 제로를 위한 **채점 기준표**

	세부 내용	점수
풀이 과정	① 원의 꼭짓점을 0개라고 쓴 경우	4
	② 삼각형의 꼭짓점을 3개라고 쓴 경우	4
	③ 육각형의 꼭짓점을 6개라고 쓴 경우	4
	④ 세 도형의 꼭짓점의 합은 9개임을 나타낸 경우	6
답	9개라고 쓴 경우	2
	총점	20

2

풀이   ①+②는 , ④+⑤는 , ⑤+⑦은

으로 사각형을 만들 수 있습니다. 그러나 ④+⑥은

 으로 사각형을 만들 수 없습니다. 따라서 사각형을 만들 수 없는 사람은 시안입니다.

답   시안

오답 제로를 위한 **채점 기준표**

	세부 내용	점수
풀이 과정	① ①+②를 그림으로 나타낸 경우	2
	② ④+⑤를 그림으로 나타낸 경우	2
	③ ⑤+⑦을 그림으로 나타낸 경우	2
	④ ④+⑥을 그림으로 나타낸 경우	2
	⑤ ①+②, ④+⑤, ⑤+⑦은 사각형임을 나타낸 경우	3
	⑥ ④+⑥은 사각형을 만들 수 없음을 나타낸 경우	4
	⑦ 사각형을 만들 수 없는 사람은 시안임을 말한 경우	3
답	시안이라고 쓴 경우	2
	총점	20

3

풀이   점들을 곧은 선으로 이으면 다음과 같습니다.

선대로 자르면 삼각형은 12개입니다.

답   12개

세부 내용		점수
풀이 과정	① 선을 모두 이어 나타낸 경우	9
	② 선대로 잘랐을 때 삼각형이 12개라고 쓴 경우	9
답	12개라고 쓴 경우	2
	총점	20

❹

풀이

숫자를 쓰면 아래 그림과 같습니다.

도형 1개로 이루어진 사각형은 ①, ②, ③, ④로 4개, 도형 2개로 이루어진 사각형은 ②+③, ③+④로 2개, 도형 3개로 이루어진 사각형은 ②+③+④로 1개, 도형 4개로 이루어진 사각형은 ①+②+③+④로 1개입니다. 따라서 크고 작은 사각형은 모두 4+2+1+1=8(개)입니다.

답   8개

세부 내용		점수
풀이 과정	① 도형 1개로 이루어진 사각형을 4개라고 한 경우	4
	② 도형 2개로 이루어진 사각형을 2개라고 한 경우	4
	③ 도형 3개로 이루어진 사각형을 1개라고 한 경우	4
	④ 도형 4개로 이루어진 사각형을 1개라고 한 경우	4
	⑤ 크고 작은 사각형은 8개라고 쓴 경우	2
답	8개라고 쓴 경우	2
	총점	20

나만의 문제 만들기 .... P. 42

문제   축구공에서 찾을 수 있는 도형은 2개입니다. 두 도형의 꼭짓점의 수의 합을 구하려고 합니다. 풀이 과정을 쓰고 답을 구하세요.

세부 내용		점수
문제	① 축구공에서 찾을 수 있는 도형이 2개임을 나타낸 경우	7
	② 꼭짓점 수의 합을 구하는 문제를 만들라고 한 경우	8
	총점	15

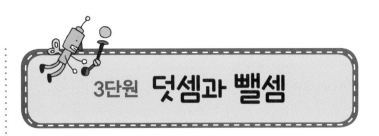

3단원 덧셈과 뺄셈

 **핵심유형 1**   받아올림이 있는 두 자리 수의 덧셈

STEP 1 .... P. 44

1단계   38, 9

2단계   윤호, 사탕

3단계   9, 더해서

4단계   9 / 38, 9 / 47

5단계   47

STEP 2 .... P. 45

1단계   45, 49

2단계   어제, 줄넘기

3단계   오늘, 더합니다

4단계   45, 49 / 94

5단계   따라서 어제와 오늘 민준이가 한 줄넘기의 수는 94번입니다.

STEP 3 .... P. 46

❶

풀이   28, 9, 37 / 37

답   37쪽

세부 내용		점수
풀이 과정	① 오늘 읽은 동화책 쪽수를 28+9로 나타낸 경우	3
	② 28+9=37이라고 계산한 경우	3
	③ 영준이가 오늘 읽은 동화책은 모두 37쪽임을 나타낸 경우	3
답	37쪽이라고 쓴 경우	1
	총점	10

 제시된 풀이는 모범답안이므로 채점 기준표를 참고하여 채점하세요.

❷

풀이　병민이네 농장에 있는 돼지와 소의 수는 돼지의 수와 소의 수를 더해서 구합니다.

(농장에 있는 돼지와 소의 수) = (돼지의 수) + (소의 수)
= 95 + 8 = 103(마리)

따라서 농장에 있는 돼지와 소는 모두 103마리입니다.

답　103마리

	세부 내용	점수
풀이 과정	① 농장에 있는 돼지와 소의 수를 95+8로 나타낸 경우	4
	② 95+8=103이라고 계산한 경우	5
	③ 농장에 있는 돼지와 소는 모두 103마리임을 나타낸 경우	4
답	103마리라고 쓴 경우	2
	총점	15

오답 제로를 위한 **채점 기준표**

핵심유형2 받아내림이 있는 두 자리 수의 뺄셈

STEP 1 .... P. 47

1단계　56, 8

2단계　딱지

3단계　뺍니다

4단계　56, 8 / 48

5단계　48

STEP 2 .... P. 48

1단계　74, 15

2단계　할아버지, 민수

3단계　할아버지, 민수, 뺍니다

4단계　74, 15 / 59

5단계　따라서 할아버지의 나이는 민수의 나이보다 59세 더 많습니다.

STEP 3 .... P. 49

❶

풀이　65 / 64 / 34, 35 / 64, 35 / 29

답　29

오답 제로를 위한 **채점 기준표**

	세부 내용	점수
풀이 과정	① 둘째로 큰 두 자리 수가 64임을 나타낸 경우	3
	② 둘째로 작은 두 자리 수가 35임을 나타낸 경우	3
	③ 64-35=29로 나타낸 경우	3
답	29라고 쓴 경우	1
	총점	10

❷

풀이　수 카드의 수 중 작은 수부터 2장을 골라 작은 수부터 높은 자리에 놓습니다. 수 카드 2장을 골라 가장 작은 두 자리 수를 만들면 34입니다. 따라서 34보다 17만큼 더 작은 수는 34-17=17입니다.

답　17

	세부 내용	점수
풀이 과정	① 가장 작은 두 자리 수를 만들면 34로 나타낸 경우	4
	② 34보다 17만큼 더 작은 수를 34-17로 나타낸 경우	5
	③ 34-17=17로 계산한 경우	4
답	17이라고 쓴 경우	2
	총점	15

오답 제로를 위한 **채점 기준표**

핵심유형3 덧셈과 뺄셈의 관계, □의 값 구하기

STEP 1 .... P. 50

1단계　34, 19

2단계　준, 뺄셈식

3단계　뺄셈식

4단계　19, 34, 15

5단계　15

STEP 2 .... P. 51

1단계　48, 74

2단계　도넛, 덧셈식

3단계　덧셈식

4단계　74 / 74, 48 / 26

5단계　따라서 오늘 만든 도넛의 수는 26개입니다.

❶

풀이 52, 27 / 52, 27 / 25 / 25

답 25장

	세부 내용	점수
풀이 과정	① 민아가 동생에게 준 우표의 수를 □라고 나타낸 경우	2
	② 52-□=27이라고 식을 세운 경우	3
	③ 52-□=27, □=52-27, □=25임을 계산한 경우	3
	④ 민아가 동생에게 준 우표는 25장임을 나타낸 경우	1
답	25장이라고 쓴 경우	1
	총점	10

❷

풀이 더 모아야 하는 칭찬붙임 딱지의 수를 □장이라 하여 덧셈식을 세우면 35+□=50이고, □=50-35이므로 □=15입니다. 따라서 의경이가 책을 사기 위해 더 모아야 하는 칭찬붙임 딱지는 15장입니다.

답 15장

	세부 내용	점수
풀이 과정	① 더 모아야 하는 칭찬붙임 딱지의 수를 □라 나타낸 경우	3
	② 35+□=50이라고 식을 세운 경우	4
	③ 35+□=50, □=50-35, □=15를 계산한 경우	4
	④ 더 모아야 하는 칭찬붙임 딱지는 15장이라 한 경우	2
답	15장이라고 쓴 경우	2
	총점	15

 **핵심유형 4** 세 수의 혼합 계산

1단계 26, 28, 17

2단계 펭귄

3단계 더하고, 뺍니다

4단계 26, 28, 17 / 54, 17 / 37

5단계 37

1단계 63, 19, 27

2단계 도서관

3단계 빼고, 더합니다

4단계 63, 19, 27 / 44, 27 / 71

5단계 따라서 지금 도서관에 있는 어린이는 71명입니다.

❶

풀이 56, 28, 47 / 84, 37, 37

답 37개

	세부 내용	점수
풀이 과정	① 남은 오렌지와 키위의 수를 56+28-47로 나타낸 경우	3
	② 56+28-47=37이라고 계산한 경우	3
	③ 남은 오렌지와 키위는 모두 37개임을 나타낸 경우	3
답	37개라고 쓴 경우	1
	총점	10

❷

풀이 처음 있던 국화 수에서 판매한 수를 빼고 더 사 온 수를 더합니다.
(꽃집에 있는 국화의 수)=(처음에 있던 국화의 수)-(판매한 국화의 수)+(더 사 온 국화의 수)
=65-36+48
=29+48
=77(송이)
따라서 꽃집에는 모두 77송이의 국화가 있습니다.

답 77송이

	세부 내용	점수
풀이 과정	① 꽃집에 있는 국화의 수를 65-36+48로 나타낸 경우	4
	② 65-36+48=77이라고 계산한 경우	6
	③ 모두 77송이의 국화가 있음을 나타낸 경우	3
답	77송이라고 쓴 경우	2
	총점	15

 제시된 풀이는 **모범답안**이므로 **채점 기준표**를 참고하여 채점하세요.

실력 다지기

P. 56

❶

풀이 ★을 □△라 하면 □△+8의 일의 자리 숫자가 4이므로 받아올림을 생각하여 계산하면 △=6입니다. △가 6일 때 □△는 □6이고 □6-9의 십의 자리 숫자가 5이므로 받아내림을 하여 계산하면 □=6입니다. 따라서 ★은 66입니다.

답 66

오답 제로를 위한 **채점 기준표**

	세부 내용	점수
풀이 과정	① △=6임을 구한 경우	6
	② □=6임을 구한 경우	6
	③ ★=66이라고 한 경우	6
답	66이라고 쓴 경우	2
	총점	20

❷

풀이 수정이와 상민이가 가지고 있는 연필의 수는 36+47=83(자루)이고, 현화와 정민이가 가지고 있는 연필의 수는 29+16=45(자루)입니다. 따라서 수정이와 상민이가 가지고 있는 연필의 수는 현화와 정민이가 가지고 있는 연필의 수보다 83-45=38(자루) 더 많습니다.

답 38자루

오답 제로를 위한 **채점 기준표**

	세부 내용	점수
풀이 과정	① 수정이와 상민이가 가지고 있는 연필의 수를 36+47로 나타낸 경우	2
	② 36+47=83으로 계산한 경우	4
	③ 현화와 정민이가 가지고 있는 연필의 수를 29+16으로 나타낸 경우	2
	④ 29+16=45라고 계산한 경우	4
	⑤ 83-45=38이라고 계산하고 38자루로 정리한 경우	6
답	38자루라고 쓴 경우	2
	총점	20

❸

풀이 71-49=22이므로 28보다 계산 결과가 6만큼 더 작습니다. 따라서 71이 6만큼 더 커지거나 49가 6만큼 더 작아져야 합니다. 71이 6만큼 더 커지려면 77이 되어야 하고 성냥개비 한 개가 더 필요합니다. 49가 6만큼 더 작아지려면 43이 되어야 하고 9에서 성냥개비 한 개를 빼면 3이 됩니다. 따라서 숫자 9에서 성냥개비 한 개를 빼면 됩니다.

답 9

오답 제로를 위한 **채점 기준표**

	세부 내용	점수
풀이 과정	① 71-49=22이므로 28보다 결과보다 6만큼 더 작음을 나타낸 경우	5
	② 71이 6만큼 더 커지거나 49가 6만큼 더 작아지도록 만들어야 한다고 설명한 경우	5
	③ 9에서 성냥개비 한 개를 빼어 3을 만들어야 한다고 설명한 경우	8
답	9라고 쓴 경우	2
	총점	20

❹

풀이 글에서 찾을 수 있는 두 자리 수는 47, 33, 45입니다. 따라서 이 세 수의 합은 47+33+45=80+45=125입니다.

답 125

오답 제로를 위한 **채점 기준표**

	세부 내용	점수
풀이 과정	① 두 자리 수 47, 33, 45를 찾은 경우	6
	② 세 수의 합을 47+33+45로 나타낸 경우	6
	③ 47+33+45=125로 나타낸 경우	6
답	125라고 쓴 경우	2
	총점	20

나만의 문제 만들기

P. 58

문제 한 상자 안에 초콜릿이 56개 들어 있습니다. 이 중에서 28개를 친구들과 나누어 먹었습니다. 남은 초콜릿은 몇 개인지 풀이 과정을 쓰고, 답을 구하세요.

오답 제로를 위한 **채점 기준표**

	세부 내용	점수
문제	① 한 상자 안에 초콜릿의 수를 56개로 나타낸 경우	5
	② 친구들과 나누어 먹은 초콜릿의 수를 28개로 나타낸 경우	5
	③ 남은 초콜릿의 수를 구하는 문제를 만든 경우	5
	총점	15

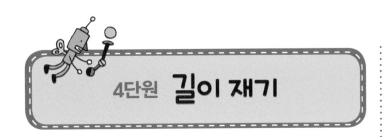

4단원 길이 재기

핵심유형 1   여러 가지 단위로 길이 재기

STEP 1 .... P. 60

1단계   압정, 클립

2단계   큰

3단계   큽니다

4단계   짧을수록 / 클립, 형광펜

5단계   ㉠

STEP 2 .... P. 61

1단계   3, 4

2단계   긴

3단계   작을수록

4단계   작을수록 / 3, 4 / 3, 4 / 지영이의 양팔

5단계   따라서 지영이의 양팔과 지팡이 중 길이가 더 긴 것은 지영이의 양팔입니다.

STEP 3 .... P. 62

❶

풀이   2 / 2, 2, 2, 8 / 8

답   8번

오답 체로를 위한 **채점 기준표**

	세부 내용	점수
풀이 과정	① 못의 길이로 4번은 옷핀의 길이로 8번이라고 한 경우	6
	② 리본의 길이는 옷핀으로 8번이라고 정리한 경우	3
답	8번이라고 쓴 경우	1
	총점	10

❷

풀이   색연필로 2번인 길이가 막대기의 길이입니다. 책꽂이의 긴 쪽의 길이를 색연필로 재면 16번이고 16=2+2+2+2+2+2+2+2이므로 색연필로 2번인 길이를 8번 더한 것과 같습니다. 따라서 책꽂이의 긴 쪽의 길이는 막대기로 8번입니다.

답   8번

오답 체로를 위한 **채점 기준표**

	세부 내용	점수
풀이 과정	① 색연필로 2번인 길이가 막대기의 길이와 같다고 한 경우	5
	② 16은 2를 8번 더한 수와 같다고 한 경우	5
	③ 책꽂이의 길이는 막대기로 8번이라고 한 경우	3
답	8번이라고 쓴 경우	2
	총점	15

핵심유형 2   1cm, 자로 길이 재기

STEP 1 .... P. 63

1단계   12, 10, 11

2단계   짧은, 기호

3단계   ㉡, ㉢

4단계   12, cm / 12 / 10, 11 / 10, 12

5단계   ㉡

STEP 2 .... P. 64

1단계   1

2단계   빨간, cm

3단계   1

4단계   9, 9 / 9

5단계   따라서 빨간색 선의 길이는 9 cm입니다.

제시된 풀이는 **모범답안**이므로 채점 기준표를 참고하여 채점하세요.

❶

풀이 0 / 눈금, 3

답 3 cm

오답 제로를 위한 **채점 기준표**		
	세부 내용	점수
풀이 과정	① 자로 연필의 길이를 재는 방법을 바르게 설명한 경우	5
	② 연필의 길이를 3 cm라 한 경우	2
답	3 cm라고 쓴 경우	1
	총점	8

❷

풀이 곧은 선의 한 쪽 끝이 자의 눈금 0에 맞추어져 있지 않으므로 곧은 선의 길이는 1 cm가 몇 번인지로 구합니다. 곧은 선은 1 cm가 4번이므로 4 cm입니다.

답 4 cm

오답 제로를 위한 **채점 기준표**		
	세부 내용	점수
풀이 과정	① 자의 눈금 0에 한 쪽이 맞추어져 있지 않은 경우 길이를 재는 방법을 바르게 설명한 경우	6
	② 곧은 선의 길이를 4 cm라 한 경우	2
답	4 cm라고 쓴 경우	2
	총점	10

 핵심유형 ❸ 길이 어림하기

1단계 32, 28, 31

2단계 긴, 가깝게

3단계 어림, 작을수록

4단계 32, 1 / 28, 3

5단계 수정

1단계 6, 10, 5

2단계 곧은, 가깝게

3단계 곧은, 자 / 어림, 작을수록 / 어림

4단계 7 / 7, 6, 1 / 7, 3 / 7, 2 / 선미

5단계 따라서 가장 가깝게 어림한 사람은 선미입니다.

❶

풀이 4, 2, 5 / 4, 1 / 2, 1 / 5, 2 / ㉢

답 ㉢

오답 제로를 위한 **채점 기준표**		
	세부 내용	점수
풀이 과정	① 자로 각 물건의 길이를 재어 나타낸 경우	3
	② 자로 잰 길이와 어림한 길이의 차를 구한 경우	3
	③ 길이의 차가 가장 큰 것이 ㉢이라고 나타낸 경우	2
답	㉢이라고 쓴 경우	2
	총점	10

❷

풀이 바나나의 길이와 각 물건의 길이의 차를 구하면 바나나와 숟가락 길이의 차는 22-18=4 (cm), 바나나와 국자의 길이의 차는 28-22=6 (cm), 바나나와 집게의 길이의 차는 25-22=3 (cm)입니다. 따라서 바나나의 길이와 가장 가깝지 않은 것은 길이의 차가 가장 큰 국자입니다.

답 국자

오답 제로를 위한 **채점 기준표**		
	세부 내용	점수
풀이 과정	① 각 물건의 길이와 바나나의 길이의 차를 구한 경우	5
	② 길이의 차가 가장 큰 것이 국자라고 나타낸 경우	5
답	국자라고 쓴 경우	2
	총점	12

P. 69

❶

풀이 운동화의 길이는 분필의 길이로 3번이므로 8 cm가 3번
인 길이입니다. 8 cm는 1 cm가 8번인 길이이므로 8 cm
가 3번인 길이는 1 cm가 8+8+8=24(번)인 길이입니다.
따라서 운동화의 길이는 24 cm입니다.

답 24 cm

<table>
<tr><td colspan="3" align="right">오답 제로를 위한 채점 기준표</td></tr>
<tr><td colspan="2">세부 내용</td><td>점수</td></tr>
<tr><td rowspan="3">풀이
과정</td><td>① 운동화의 길이를 8 cm가 3번인 길이라고 한 경우</td><td>6</td></tr>
<tr><td>② 8 cm가 3번인 길이를 24 cm라고 한 경우</td><td>8</td></tr>
<tr><td>③ 운동화의 길이를 24 cm라고 한 경우</td><td>4</td></tr>
<tr><td>답</td><td>24 cm라 쓴 경우</td><td>2</td></tr>
<tr><td colspan="2">총점</td><td>20</td></tr>
</table>

❷

풀이 55 cm는 1 cm가 55번인 길이이고 7 cm는 1 cm가
7번인 길이이므로 사용한 리본의 길이는 1 cm가 55-7
=48(번)인 길이로 48 cm입니다. 48 cm는 주혜의 뼘으
로 4번인 길이와 같고 12+12+12+12=48이므로 주혜의
한 뼘의 길이는 12 cm입니다.

답 12 cm

<table>
<tr><td colspan="3" align="right">오답 제로를 위한 채점 기준표</td></tr>
<tr><td colspan="2">세부 내용</td><td>점수</td></tr>
<tr><td rowspan="3">풀이
과정</td><td>① 사용한 리본의 길이를 48 cm로 나타낸 경우</td><td>7</td></tr>
<tr><td>② 12를 4번 더한 것이 48과 같다고 한 경우</td><td>7</td></tr>
<tr><td>③ 주혜의 한 뼘의 길이를 12 cm라고 한 경우</td><td>4</td></tr>
<tr><td>답</td><td>12 cm라고 쓴 경우</td><td>2</td></tr>
<tr><td colspan="2">총점</td><td>20</td></tr>
</table>

❸

풀이 사야할 침대의 폭은 연필로 4번인 길이로 1 cm가 25+25
+25+25=100(번)인 길이로 100 cm입니다. 100 cm와 철
제 침대의 폭의 차는 1 cm가 100-90=10(번)인 길이로
10 cm이고, 100 cm와 원목 침대의 폭의 차는 1 cm가
105-100=5(번)인 길이로 5 cm입니다. 5<10이므로 사야
할 침대의 폭에 더 가까운 것은 원목 침대입니다.

답 원목 침대

<table>
<tr><td colspan="3" align="right">오답 제로를 위한 채점 기준표</td></tr>
<tr><td colspan="2">세부 내용</td><td>점수</td></tr>
<tr><td rowspan="3">풀이
과정</td><td>① 철제 침대 폭은 연필로 4번보다 10 cm 더 짧다고 한 경우</td><td>7</td></tr>
<tr><td>② 원목 침대의 폭은 연필로 4번보다 5 cm가 더 길다고 한 경우</td><td>7</td></tr>
<tr><td>③ 형준이가 사야할 침대가 원목 침대라고 한 경우</td><td>4</td></tr>
<tr><td>답</td><td>원목 침대라고 쓴 경우</td><td>2</td></tr>
<tr><td colspan="2">총점</td><td>20</td></tr>
</table>

❹

풀이 용수철 ⓝ가 늘어난 길이는 1 cm가 15-7=8(번)인 길이
로 8 cm입니다. 늘어난 용수철의 길이는 용수철 ⓝ가 용
수철 ㉮의 2배이므로 용수철 ㉮가 늘어난 길이는 8 cm
의 반만큼인 4 cm입니다.

답 4 cm

<table>
<tr><td colspan="3" align="right">오답 제로를 위한 채점 기준표</td></tr>
<tr><td colspan="2">세부 내용</td><td>점수</td></tr>
<tr><td rowspan="3">풀이
과정</td><td>① 사과를 매달았을 때 늘어난 용수철의 길이를 15-7로 나타낸 경우</td><td>7</td></tr>
<tr><td>② 사과를 매달았을 때 늘어난 용수철의 길이를 15-7=8 (cm)로 계산한 경우</td><td>7</td></tr>
<tr><td>③ 용수철 ㉮의 길이를 4 cm로 나타낸 경우</td><td>4</td></tr>
<tr><td>답</td><td>4 cm라고 쓴 경우</td><td>2</td></tr>
<tr><td colspan="2">총점</td><td>20</td></tr>
</table>

❺

풀이 연필의 길이는 약 8 cm이고 창문의 긴 쪽의 길이는 어림
하여 8 cm가 5번인 길이입니다. 8 cm가 5번인 길이는 1
cm가 8+8+8+8+8=40(번)인 길이로 40 cm입니다. 따라
서 창문의 긴 쪽의 길이는 약 40 cm입니다.

답 약 40 cm

<table>
<tr><td colspan="3" align="right">오답 제로를 위한 채점 기준표</td></tr>
<tr><td colspan="2">세부 내용</td><td>점수</td></tr>
<tr><td rowspan="3">풀이
과정</td><td>① 연필의 길이를 약 8 cm라고 한 경우</td><td>6</td></tr>
<tr><td>② 8 cm가 5번인 길이를 40 cm라고 한 경우</td><td>6</td></tr>
<tr><td>③ 창문의 긴 쪽의 길이를 약 40 cm로 나타낸 경우</td><td>6</td></tr>
<tr><td>답</td><td>약 40 cm라고 쓴 경우</td><td>2</td></tr>
<tr><td colspan="2">총점</td><td>20</td></tr>
</table>

제시된 풀이는 **모범답안**이므로
채점 기준표를 참고하여 채점하세요.

6

풀이 12 cm는 못으로 3번이고 4+4+4=12이므로 못의 길이는
4 cm입니다. 12 cm는 클립으로 4번이고 3+3+3+3=12이
므로 클립의 길이는 3 cm입니다. 따라서 못의 길이는 클
립의 길이보다 1 cm가 4-3=1(번)인 1 cm가 더 깁니다.

답 1 cm

<table>
<tr><th colspan="2">세부 내용 오답 제로를 위한 채점 기준표</th><th>점수</th></tr>
<tr><td rowspan="3">풀이
과정</td><td>① 못의 길이를 4 cm라 한 경우</td><td>6</td></tr>
<tr><td>② 클립의 길이를 3 cm라고 한 경우</td><td>6</td></tr>
<tr><td>③ 못이 클립보다 1 cm 더 길다고 한 경우</td><td>6</td></tr>
<tr><td>답</td><td>1 cm라고 쓴 경우</td><td>2</td></tr>
<tr><td colspan="2">총점</td><td>20</td></tr>
</table>

나만의 문제 만들기 .... P. 72

문제 빨간 끈의 길이는 3 cm이고 노란 끈의 길이는 5 cm입니
다. 두 끈을 겹치는 부분 없이 이어 붙이면 끈의 길이는
몇 cm인지 풀이 과정을 쓰고, 답을 구하세요.

<table>
<tr><th colspan="2">세부 내용 오답 제로를 위한 채점 기준표</th><th>점수</th></tr>
<tr><td rowspan="3">문제</td><td>① 빨간 끈 3 cm, 노란 끈 5 cm로 나타낸 경우</td><td>5</td></tr>
<tr><td>② 끈을 겹치는 부분 없이 이어 붙인다고 한 경우</td><td>5</td></tr>
<tr><td>③ 이어 붙인 끈의 길이를 질문한 경우</td><td>5</td></tr>
<tr><td colspan="2">총점</td><td>15</td></tr>
</table>

5단원 분류하기

핵심유형 1 기준에 따라 분류하기

STEP 1 .... P. 74

1단계 기린, 얼룩말 / 고래

2단계 기호

3단계 특징, 토끼

4단계 땅, 바다 / 땅

5단계 땅, ㉠

STEP 2 .... P. 75

1단계 도형

2단계 기준, 기호

3단계 기준

4단계 색깔, 색깔

5단계 따라서 분류 기준은 색깔이고, 색깔에 따라 도형을 분류
하면 빨간색은 ㉠, ㉤, ㉲, 노란색은 ㉡, ㉦, 초록색은 ㉢,
㉣입니다.

STEP 3 .... P. 76

①

기준 색깔

설명 모양, 노란, 색깔

<table>
<tr><th colspan="2">세부 내용 오답 제로를 위한 채점 기준표</th><th>점수</th></tr>
<tr><td rowspan="2">풀이
과정</td><td>① 기준을 색깔이라고 한 경우</td><td>4</td></tr>
<tr><td>② 서로 다른 두 가지 색으로 분류한다고 한 경우</td><td>5</td></tr>
<tr><td>답</td><td>기준을 색깔이라고 쓴 경우</td><td>1</td></tr>
<tr><td colspan="2">총점</td><td>10</td></tr>
</table>

❷

기준 색깔

설명 주어진 도형들은 서로 다른 2개의 색깔이 섞여 있으므로 초록색인 것과 빨간색인 것으로 분류할 수 있습니다. 따라서 분류 기준으로 알맞은 것은 색깔입니다.

오답 제로를 위한 **채점 기준표**

	세부 내용	점수
풀이 과정	① 기준을 색깔이라고 한 경우	6
	② 서로 다른 두 가지 색으로 분류한다고 한 경우	7
답	기준을 색깔이라고 쓴 경우	2
	총점	15

 **핵심유형②** **분류하여 세어 보기**

STEP 1 .... P. 77

1단계	18, 11, 14
2단계	짝수, 13
3단계	짝수, 13
4단계	18, 8, 16 / 18, 16
5단계	13, 3

STEP 2 .... P. 78

1단계	사각형, ★, 모양
2단계	사각형, ★
3단계	사각형, ★
4단계	사각형, ㉠, ㉂, ★ / ㉠, ㉂
5단계	따라서 기준에 알맞은 도형의 수는 모두 2개입니다.

STEP 3 .... P. 79

❶

풀이 3, 4, 3 / 4 / 3, 4, 7

답 7

오답 제로를 위한 **채점 기준표**

	세부 내용	점수
풀이 과정	① 빨간색 3개, 초록색 4개로 나타낸 경우	3
	② ㉠을 3, ㉡을 4라고 한 경우	3
	③ ㉠+㉡=7이라고 한 경우	3
답	7을 쓴 경우	1
	총점	10

❷

풀이 ○모양은 9개, ♡모양은 9개, ☆모양은 9개이므로 ㉠은 9이고 ㉡도 9입니다. 따라서 ㉠과 ㉡에 들어갈 수의 차는 9-9=0입니다.

답 0

오답 제로를 위한 **채점 기준표**

	세부 내용	점수
풀이 과정	① ○모양은 9개, ♡모양은 9개, ☆모양은 9개라 한 경우	5
	② ㉠은 9, ㉡을 9라고 한 경우	5
	③ ㉠-㉡=9-9=0으로 나타낸 경우	3
답	0이라고 한 경우	2
	총점	15

 **핵심유형③** **분류한 결과 이야기하기**

STEP 1 .... P. 80

1단계	8, 12, 9, 10
2단계	요일
3단계	큰
4단계	12, 9 / 많이
5단계	화

 제시된 풀이는 **모범답안**이므로 **채점 기준표**를 참고하여 채점하세요.

STEP 2

P. 81

1단계 간식

2단계 간식

3단계 간식

4단계 6, 5 / 7, 7, 5 / 7

5단계 따라서 학생들을 위해 간식을 준비한다면 가장 많은 학생들이 좋아하는 햄버거로 준비하는 것이 좋을 것 같습니다.

STEP 3

P. 82

❶

풀이 7, 5, 5 / 3, 파란 / 파란

답 파란색

오답 제로를 위한 **채점 기준표**

	세부 내용	점수
풀이 과정	① 파란색 7명, 노란색 5명, 초록색 5명, 빨간색 3명이라 한 경우	3
	② 파란색을 좋아하는 학생이 가장 많다고 한 경우	3
	③ 응원 깃발을 파란색으로 준비한다고 한 경우	3
답	파란색이라고 쓴 경우	1
	총점	10

❷

풀이 학생들이 가고 싶어 하는 곳별 학생 수를 세어 나타내면 수족관 8명, 민속촌 6명, 박물관 6명, 동물원 4명으로 수족관에 가고 싶어 하는 학생이 가장 많습니다. 따라서 이번 체험 학습으로 가장 많은 학생들이 가고 싶어 하는 수족관에 가는 것이 좋을 것 같습니다.

답 수족관

오답 제로를 위한 **채점 기준표**

	세부 내용	점수
풀이 과정	① 수족관 8명, 민속촌 6명, 박물관 6명, 동물원 4명이라 한 경우	6
	② 수족관에 가고 싶은 학생이 가장 많다고 한 경우	4
	③ 수족관에 가는 것이 좋겠다고 한 경우	3
답	수족관이라고 쓴 경우	2
	총점	15

 실력다지기

P. 83

❶

풀이 국어 19문제, 수학 10문제, 영어 15문제를 풀었으므로 가장 많이 푼 과목은 국어 19문제입니다. 수학과 영어를 각각 19문제가 되도록 푼다면 수학은 19-10=9(문제), 영어는 19-15=4(문제)를 더 풀어야 합니다.

답 수학: 9문제, 영어: 4문제

오답 제로를 위한 **채점 기준표**

	세부 내용	점수
풀이 과정	① 과목별 푼 문제수를 나타낸 경우	6
	② 수학을 9문제 더 푼다고 한 경우	6
	③ 영어를 4문제 더 푼다고 한 경우	6
답	수학 : 9문제, 영어 : 4문제라고 쓴 경우	2
	총점	20

❷

풀이 빈칸에 들어갈 말은 '동해물과 백두산이 마르고 닳도록' 입니다. 그러므로 애국가 1절의 가사에서 받침이 있는 글자 수는 18글자이고, 받침이 없는 글자 수는 34글자입니다. 따라서 받침이 있는 글자와 없는 글자의 글자 수의 차는 34-18=16(글자)입니다.

답 16글자

오답 제로를 위한 **채점 기준표**

	세부 내용	점수
풀이 과정	① 가사를 바르게 쓴 경우	6
	② 받침 있는 글자 : 18글자, 받침 없는 글자 : 34글자라고 한 경우	6
	③ 글자 수의 차를 16글자로 나타낸 경우	6
답	16글자라고 쓴 경우	2
	총점	20